中等职业学校工业和
信息化精品系列教材

ILLustrator

平面设计创意与制作

项目式全彩微课版

主编：张其旺 杨敏斌

副主编：周善平 谢景英

人民邮电出版社

北 京

图书在版编目（ＣＩＰ）数据

Illustrator平面设计创意与制作 : 项目式全彩微课版 / 张其旺，杨敏斌主编. -- 北京 : 人民邮电出版社，2022.6

中等职业学校工业和信息化精品系列教材

ISBN 978-7-115-59066-4

Ⅰ．①I… Ⅱ．①张… ②杨… Ⅲ．①平面设计－图形软件－中等专业学校－教材 Ⅳ．①TP391.412

中国版本图书馆CIP数据核字(2022)第053518号

内 容 提 要

本书全面、系统地介绍 Illustrator CC 2019 的基本操作方法和平面设计技巧，具体内容包括平面设计基础、Illustrator 基础操作、图标设计、插画设计、海报设计、Banner 设计、图书封面设计、画册设计、包装设计和综合设计实训。

本书在内容编排上通过"相关知识"讲解矢量图形制作和设计的基础知识，帮助学生了解相关概念、要素、分类和设计原则等内容；通过"任务引入"引导学生了解任务的内容和要求；通过"任务知识"的解析帮助学生深入学习软件功能；通过"任务实施"帮助学生快速掌握矢量图形的设计制作过程；通过"扩展实践"和"项目演练"拓展学生的实际应用能力，提高学生的软件使用技巧。最后一个项目安排了 5 个商业案例，帮助学生顺利达到实战水平。

本书可作为职业院校数字媒体类专业 Illustrator 课程的教材，也可供 Illustrator 初学者学习参考。

◆ 主　　编　张其旺　杨敏斌
　　副主编　周善平　谢景英
　　责任编辑　王亚娜
　　责任印制　王　郁　焦志炜

◆ 人民邮电出版社出版发行　　北京市丰台区成寿寺路 11 号
　　邮编　100164　　电子邮件　315@ptpress.com.cn
　　网址　https://www.ptpress.com.cn
　　北京七彩京通数码快印有限公司印刷

◆ 开本：889×1194　1/16
　　印张：13.25　　　　　　　　　　2022 年 6 月第 1 版
　　字数：271 千字　　　　　　　2024 年 12 月北京第 5 次印刷

定价：59.80 元

读者服务热线：(010)81055256　印装质量热线：(010)81055316
反盗版热线：(010)81055315
广告经营许可证：京东市监广登字 20170147 号

前 言
PREFACE

　　本书全面贯彻党的二十大精神，以社会主义核心价值观为引领，传承中华优秀传统文化，坚定文化自信，使内容更好体现时代性、把握规律性、富于创造性。本书由经验丰富的设计师和一线授课教师共同编写，在人才培养目标、专业方案等方面做好顶层设计，明确专业课程标准，强化专业技能培养，并根据岗位技能要求，引入企业真实案例，进行项目式教学，旨在提高中等职业学校专业课的教学质量。

　　全书根据 Illustrator 在设计领域的应用方向来划分项目，基本按照"相关知识—任务引入—设计理念—任务知识—任务实施—扩展实践—项目演练"的思路进行编排。本书在内容选择方面，力求细致全面、重点突出；在文字叙述方面，注意言简意赅、通俗易懂；在案例设计方面，强调案例的针对性和实用性。

　　本书提供书中所有案例的素材及效果文件，另外，为方便教师教学，本书还配备了微课视频、PPT 课件、教学大纲、教学教案等丰富的教学资源，任课教师可登录人邮教育社区（www.ryjiaoyu.com）免费下载。本书的参考学时为 60 学时，各项目的参考学时参见下面的学时分配表。

项目	课程内容	学时分配
		实训
项目 1	发现平面设计之美——平面设计基础	2
项目 2	熟悉设计工具——Illustrator 基础操作	6
项目 3	制作界面元素——图标设计	6
项目 4	制作生动图画——插画设计	8
项目 5	制作宣传广告——海报设计	6
项目 6	制作电商广告——Banner 设计	6
项目 7	制作精美图书——图书封面设计	8
项目 8	制作商业画册——画册设计	4

续表

项目	课程内容	学时分配
		实训
项目9	制作商品包装——包装设计	8
项目10	掌握商业应用——综合设计实训	6
学时总计		60

　　本书由张其旺、杨敏斌任主编，周善平、谢景英任副主编。由于编者水平有限，书中难免存在疏漏和不足之处，敬请广大读者批评指正。

编者

2023 年 5 月

目　录

CONTENTS

项目 1 发现平面设计之美——平面设计基础/1

相关知识

平面设计中的美学 /2

任务1.1　了解平面设计的应用领域/2

1.1.1　任务引入 /2

1.1.2　任务知识：平面设计的应用领域 /2

1.1.3　任务实施 /5

任务1.2　明确平面设计的工作流程/7

1.2.1　任务引入 /7

1.2.2　任务知识：平面设计的工作流程 /7

1.2.3　任务实施 /7

项目 2 熟悉设计工具——Illustrator基础操作/9

相关知识

了解设计常用软件 /10

任务2.1　熟悉软件工作界面及基础操作/11

2.1.1　任务引入 /11

2.1.2　任务知识：Illustrator CC 2019 的工作界面及基础操作 /11

2.1.3　任务实施 /14

任务2.2　掌握文件的基本操作/15

2.2.1　任务引入 /15

2.2.2　任务知识：文件的设置方法 /15

2.2.3　任务实施 /17

任务2.3　掌握图像的基本操作/19

2.3.1　任务引入 /19

2.3.2　任务知识：图像的操作方法 /19

2.3.3　任务实施 /24

项目 3 制作界面元素——图标设计/27

相关知识

图标设计基础 /28

任务3.1　绘制媒体娱乐App金刚区歌单图标/30

3.1.1　任务引入 /30

3.1.2　设计理念 /30

3.1.3　任务知识：绘图工具、图案与渐变网格填充 /30

3.1.4　任务实施 /41

3.1.5　扩展实践：绘制电商平台 App 金刚区家电图标 /44

任务3.2　绘制旅游出行App金刚区兼职图标/45

3.2.1　任务引入 /45

3.2.2　设计理念 /45

3.2.3　任务知识：对象的编辑与描边 /45

3.2.4　任务实施 /56

3.2.5　扩展实践：绘制食品餐饮 App
产品图标 /60

**任务3.3　项目演练——绘制家居
装修App金刚区商店图标/60**

3.3.1　任务引入 /60

3.3.2　设计理念 /60

**项目 4　制作生动图画——插画
设计/61**

相关知识

插画设计基础 /62

任务4.1　绘制风景插画/63

4.1.1　任务引入 /63

4.1.2　设计理念 /63

4.1.3　任务知识：颜色与渐变填充 /63

4.1.4　任务实施 /69

4.1.5　扩展实践：绘制轮船插画 /72

任务4.2　绘制许愿灯插画/72

4.2.1　任务引入 /72

4.2.2　设计理念 /72

4.2.3　任务知识：符号与手绘工具 /72

4.2.4　任务实施 /80

4.2.5　扩展实践：绘制超市插画 /83

**任务4.3　项目演练——绘制休闲
卡通插画/83**

4.3.1　任务引入 /83

4.3.2　设计理念 /83

**项目 5　制作宣传广告——海报
设计/84**

相关知识

海报设计基础 /85

任务5.1　制作设计作品展海报/86

5.1.1　任务引入 /86

5.1.2　设计理念 /86

5.1.3　任务知识："混合"工具 /86

5.1.4　任务实施 /91

5.1.5　扩展实践：制作店庆海报 /93

任务5.2　制作促销海报/94

5.2.1　任务引入 /94

5.2.2　设计理念 /94

5.2.3　任务知识："封套扭曲"命令和
"模糊"效果组 /94

5.2.4　任务实施 /98

5.2.5　扩展实践：制作音乐节海报 /101

**任务5.3　项目演练——制作手机
海报/101**

5.3.1　任务引入 /101

5.3.2　设计理念 /101

**项目 6　制作电商广告——Banner
设计/102**

相关知识

Banner 设计基础 /103

任务6.1　制作汽车Banner广告/104

6.1.1　任务引入 /104

6.1.2　设计理念 /104

6.1.3 任务知识："直线"工具和"锚点"
工具 /104

6.1.4 任务实施 /107

6.1.5 扩展实践：制作电商平台 App 的
Banner 广告 /113

任务6.2 制作美妆类App的Banner
广告/113

6.2.1 任务引入 /113

6.2.2 设计理念 /114

6.2.3 任务知识："风格化"效果组、
"剪刀"工具 /114

6.2.4 任务实施 /117

6.2.5 扩展实践：制作女装网页 Banner
广告 /120

任务6.3 项目演练——制作洗衣机
网页Banner广告/120

6.3.1 任务引入 /120

6.3.2 设计理念 /120

项目7 制作精美图书——图书封面
设计/121

相关知识

书籍设计基础 /122

任务7.1 制作少儿图书封面/123

7.1.1 任务引入 /123

7.1.2 设计理念 /123

7.1.3 任务知识：创建文字 /123

7.1.4 任务实施 /127

7.1.5 扩展实践：制作美食图书封面 /135

任务7.2 制作环球旅行图书封面/135

7.2.1 任务引入 /135

7.2.2 设计理念 /135

7.2.3 任务知识："字符"面板 /136

7.2.4 任务实施 /136

7.2.5 扩展实践：制作手机摄影图书
封面 /142

任务7.3 项目演练——制作儿童插画
图书封面/142

7.3.1 任务引入 /142

7.3.2 设计理念 /142

项目8 制作商业画册——画册
设计/143

相关知识

画册设计基础 /144

任务8.1 制作房地产画册封面/145

8.1.1 任务引入 /145

8.1.2 设计理念 /145

8.1.3 任务知识：对齐与透明度 /145

8.1.4 任务实施 /152

8.1.5 扩展实践：制作旅游画册封面 /155

任务8.2 制作房地产画册内页1/155

8.2.1 任务引入 /155

8.2.2 设计理念 /156

8.2.3 任务知识：图表与段落 /156

8.2.4 任务实施 /161

8.2.5 扩展实践：制作旅游画册内页 /169

任务8.3　项目演练——制作房地产画册内页2/169

8.3.1　任务引入 /169

8.3.2　设计理念 /169

项目 9　制作商品包装——包装设计/170

相关知识

包装设计基础 /171

任务9.1　制作柠檬汁包装/172

9.1.1　任务引入 /172

9.1.2　设计理念 /172

9.1.3　任务知识："剪切蒙版"命令和"变形"效果组 /172

9.1.4　任务实施 /175

9.1.5　扩展实践：制作咖啡包装 /181

任务9.2　制作巧克力豆包装/182

9.2.1　任务引入 /182

9.2.2　设计理念 /182

9.2.3　任务知识：对象的排列、锁定和隐藏 /182

9.2.4　任务实施 /186

9.2.5　扩展实践：制作香皂包装 /193

任务9.3　项目演练——制作坚果食品包装/193

9.3.1　任务引入 /193

9.3.2　设计理念 /193

项目 10　掌握商业应用——综合设计实训/194

任务10.1　Banner设计——制作金融理财App的Banner/195

10.1.1　任务引入 /195

10.1.2　设计理念 /195

10.1.3　任务实施 /195

任务10.2　电商设计——制作装饰家居电商网站产品详情页/196

10.2.1　任务引入 /196

10.2.2　设计理念 /196

10.2.3　任务实施 /196

任务10.3　宣传单设计——制作美食宣传单/198

10.3.1　任务引入 /198

10.3.2　设计理念 /198

10.3.3　任务实施 /198

任务10.4　书籍设计——制作菜谱图书封面/200

10.4.1　任务引入 /200

10.4.2　设计理念 /200

10.4.3　任务实施 /200

任务10.5　包装设计——制作苏打饼干包装/202

10.5.1　任务引入 /202

10.5.2　设计理念 /202

10.5.3　任务实施 /202

项目1

发现平面设计之美
——平面设计基础

随着信息技术的不断发展，平面设计的技术与审美标准也在相应提升，从事平面设计工作的相关人员需要系统地学习平面设计的各种技术与技巧。本项目对平面设计的应用领域及工作流程进行系统讲解。通过本项目的学习，读者可以对平面设计有一个全面的认识，从而高效地进行后续的平面设计工作。

学习引导

知识目标
- 了解平面设计的应用领域
- 明确平面设计的工作流程

能力目标
- 掌握平面设计作品图片的收集方法
- 掌握平面设计素材的收集方法

素养目标
- 培养对平面设计的基本兴趣

相关知识：平面设计中的美学

　　平面设计指运用图形、图像、文字、色彩等元素的编排和设计进行信息传达。在生活中，随处可见一些经过创意设计的平面设计作品，如图 1-1 所示。这些平面设计作品不仅直观明了，而且生动形象，让人赏心悦目、印象深刻。

图 1-1

任务 1.1　了解平面设计的应用领域

1.1.1　任务引入

　　本任务要求读者首先了解平面设计的应用领域；然后通过在相关网站中搜集视觉识别设计的作品图片，提高对平面设计作品的审美能力。

1.1.2　任务知识：平面设计的应用领域

❶ 插画设计

　　插画设计发展迅速，目前已经广泛应用于互联网、广告、包装、报纸、杂志和纺织品等领域。插画的类型丰富，手法新颖，已经成为最流行的设计表现形式之一，如图 1-2 所示。

图 1-2

❷ 字体设计

字体设计随着人类文明的发展而逐步成熟。根据字体设计的创意需求，可以设计制作出多样的字体。通过独特的字体设计，可以快速将企业品牌传达给受众，强化企业品牌的形象，如图1-3所示。

图1-3

❸ 广告设计

广告以多种形式出现在大众生活中，经常通过互联网、手机、电视、杂志和户外灯箱等媒介来发布。如今的广告具有更强的视觉冲击力，能够更好地传播和推广内容，如图1-4所示。

图1-4

❹ 包装设计

包装设计是艺术手段与科学技术相结合的产物，是技术、艺术、设计、材料、经济、管理、心理、市场等综合要素的体现，是多种技术融会贯通的一门综合学科，如图1-5所示。

图1-5

⑤ 界面设计

界面设计是指针对软件的交互方式、操作逻辑、界面呈现所进行的整体设计。如今，生活中随处可见界面设计的应用，如智能手表界面、车载系统界面、App界面及网页等，如图1-6所示。

图1-6

⑥ 标志设计

标志是具有象征意义的视觉符号。它借助图形和文字的巧妙设计与组合，艺术地传递出某种信息，表达某种特殊的含义。标志作为企业的无形资产，它的价值会随着企业增值不断累积，如图1-7所示。

图1-7

⑦ 视觉识别设计

视觉识别设计是指以建立企业的理念识别为基础，将企业理念、企业使命、企业价值观等经营概念变为具体视觉识别符号，并进行具体化、视觉化的传播，如图1-8所示。

图1-8

图 1-8（续）

8 H5 设计

H5 是指移动端上基于 HTML5 标准的多种技术集合，它是基于移动互联网的一种新型营销工具，通过移动平台传播。H5 的应用形式多样，常见的应用领域有品牌宣传、产品展示、活动推广、知识分享、新闻热点、会议邀请、企业招聘、培训招生等，如图 1-9 所示。

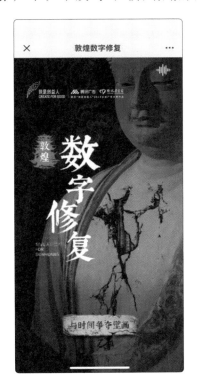

图 1-9

1.1.3 任务实施

（1）打开花瓣网官网，单击右侧的"登录/注册"按钮，如图 1-10 所示，在弹出的对话框中选择登录方式并登录，如图 1-11 所示。

图 1-10 　　　　　　　　　　　　　　　　　　　　　图 1-11

（2）在搜索框中输入关键词"中国风 VI"，如图 1-12 所示，按 Enter 键进入搜索页面。

图 1-12

（3）单击页面左上角的"画板"按钮，选择需要的类别，如图 1-13 所示。

图 1-13

（4）在需要采集的画板上单击，在跳转的页面中选择需要的图片，单击"采集"按钮，如图 1-14 所示。在弹出的对话框中输入"VI 设计"，单击下方的"创建画板'VI 设计'"按钮，新建画板。单击"采下来"按钮，将需要的图片采集到画板中，如图 1-15 所示。

图 1-14 　　　　　　　　　　　　　　　　　　　　图 1-15

任务 1.2　明确平面设计的工作流程

1.2.1　任务引入

本任务要求读者首先了解平面设计的工作流程；然后通过在相关网站中搜集饮品海报的设计素材，掌握平面设计素材的搜集方法。

1.2.2　任务知识：平面设计的工作流程

平面设计的工作流程可分为需求分析、素材收集、草稿设计、视觉设计、审核修改、完稿验收 6 个步骤，如图 1-16 所示。

需求分析

素材收集

草稿设计

视觉设计

审核修改

完稿验收

图 1-16

1.2.3　任务实施

（1）打开花瓣网官网，单击右侧的"登录 / 注册"按钮，如图 1-17 所示，在弹出的对话框中选择登录方式并登录，如图 1-18 所示。

图 1-17　　　　　　　　　　　　　　　　　图 1-18

（2）在搜索框中输入关键词"饮品海报"，如图 1-19 所示，按 Enter 键进入搜索页面。

图 1-19

（3）单击页面左上角的"画板"按钮，选择需要的类别，如图 1-20 所示。

图 1-20

（4）在需要采集的画板上单击，在跳转的页面中选择需要的图片，单击"采集"按钮，如图 1-21 所示。在弹出的对话框中输入名称，单击下方的"创建画板'海报设计'"按钮，新建画板。单击"采下来"按钮，将需要的图片采集到画板中，如图 1-22 所示。

图 1-21　　　　　　　　　　　　　　　　　图 1-22

项目2

熟悉设计工具
——Illustrator基础操作

02

在了解了平面设计的基础知识后，下面介绍常用的矢量图形处理和编辑工具。矢量图形处理和编辑工具有很多，本项目以Illustrator为例进行介绍。通过本项目的学习，读者可以对Illustrator有初步的认识和了解，并快速掌握Illustrator的基础知识和基本操作方法，为进一步学习打下坚实的基础。

学习引导

知识目标
- 熟悉软件界面的基础操作
- 掌握文件的基本操作
- 掌握图像的基本操作

能力目标
- 熟练掌握 Illustrator 界面操作
- 掌握 Illustrator 文件的设置方法
- 熟悉图像的基本操作方法

素养目标
- 培养对软件基本操作的熟悉度

相关知识： 了解设计常用软件

目前，在平面设计工作中，经常使用的软件有 Photoshop、Illustrator、InDesign 和 CorelDRAW，这 4 款软件每一款都有鲜明的特色。要想根据创意制作出完美的平面设计作品，就需要熟练使用这 4 款软件，并能很好地利用不同软件的优势，将其巧妙地结合使用。

❶ Photoshop

Photoshop 是 Adobe 公司出品的图像处理软件，集编辑修饰、制作处理、创意编排、图像输入与输出功能于一体，深受平面设计人员、计算机艺术和摄影爱好者的喜爱。其启动界面如图 2-1 所示。

❷ Illustrator

Illustrator 是 Adobe 公司推出的专业矢量绘图软件，是出版、多媒体和在线图像的工业标准矢量插画软件。Illustrator 的应用人群主要包括印刷出版线稿的设计者和专业插画家、多媒体图像的艺术家和网页或在线内容的制作者。其启动界面如图 2-2 所示。

图 2-1

图 2-2

❸ InDesign

InDesign 是由 Adobe 公司开发的专业排版设计软件，它功能强大、易学易用，用户可以通过内置的创意工具和精确的排版控制，为打印作品或数字出版物设计出具有吸引力的页面版式。InDesign 深受版式编排人员和平面设计师的喜爱。其启动界面如图 2-3 所示。

❹ CorelDRAW

CorelDRAW 是由 Corel 公司开发的集矢量图形设计、印刷排版、文字编辑处理和图形输出于一体的平面设计软件，深受平面设计师、插画师和版式编排人员的喜爱。其启动界面如图 2-4 所示。

图 2-3

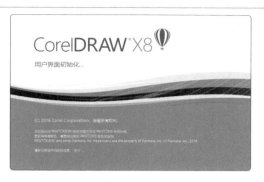

图 2-4

任务 2.1 熟悉软件工作界面及基础操作

2.1.1 任务引入

本任务要求读者首先认识 Illustrator CC 2019 的工作界面，熟悉其基本操作；然后通过打开素材文件和取消编组，熟悉菜单栏的操作；通过选取图形掌握工具箱中工具的使用方法；通过改变图形的颜色，掌握面板的使用方法。

2.1.2 任务知识：Illustrator CC 2019 的工作界面及基础操作

❶ 工作界面介绍

熟悉工作界面是学习 Illustrator 的基础。掌握工作界面的内容，有助于初学者日后得心应手地使用 Illustrator。本书介绍的 Illustrator CC 2019 的工作界面主要由菜单栏、标题栏、工具箱、工具属性栏、面板、页面区域、滚动条和状态栏等部分组成，如图 2-5 所示。下面介绍其中几个重要的组成部分。

图 2-5

❷ 菜单栏及其快捷方式

熟练使用菜单栏能够快速、有效地绘制和编辑图像，达到事半功倍的效果，下面详细介绍 Illustrator CC 2019 的菜单栏。其菜单栏中包含"文件""编辑""对象""文字""选择""效果""视图""窗口""帮助"9 个菜单，每个菜单里又包含相应的子菜单，如图 2-6 所示。

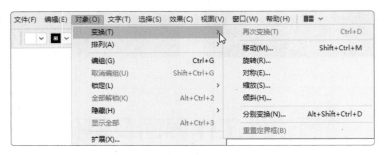

图 2-6

每个子菜单的左边是命令的名称，在经常使用的命令的右边是该命令的快捷方式。要执行该命令，可以直接按键盘上的组合键，这样可以提高操作速度。例如，"对象 > 编组"命令的组合键为 Ctrl+G。

有些命令的右边有一个 ▷ 按钮，表示该命令还有相应的子菜单，单击该按钮即可弹出子菜单。有些命令的后面有"…"符号，表示单击该命令可以弹出相应的对话框，在对话框中可进行更详尽的设置。有些命令呈灰色，表示该命令在当前状态下不可用，需要选择相应的对象或在进行了合适的设置时，该命令才会变为黑色，呈可用状态。

❸ 工具箱

Illustrator CC 2019 的工具箱内包括大量具有强大功能的工具，这些工具可以使用户在绘制和编辑图像的过程中制作出更加精彩的效果。工具箱如图 2-7 所示。

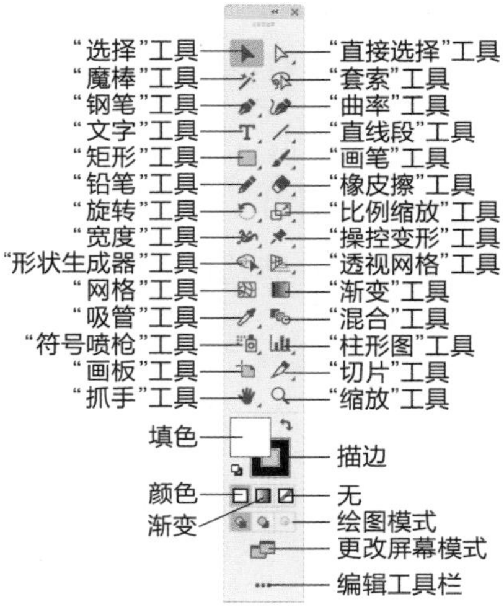

工具箱中部分工具按钮的右下角带有一个 ◢ 按钮，表示该工具为展开工具组，选择该工具按钮，按住鼠标左键不放，即可弹出展开工具组。例如选择"文字"工具 T，按住鼠标左键不放，将展开文字工具组，如图 2-8 所示。单击文字工具组右边的 ◢ 按钮，如图 2-9 所示，文字工具组就从工具箱中分离出来，成为一个相对独立的工具栏，如图 2-10 所示。

图 2-7

❹ 工具属性栏

用户通过 Illustrator CC 2019 的工具属性栏，可以快速应用与所选对象相关的选项；根据所选工具和对象的不同，工具属性栏中会显示不同的选项。例如，当选择"文字"工具 T 后，工作界面的上方会出现相应的文字工具属性栏，包括"描边""不透明度""字符"等属性，如图 2-11 所示。可以应用属性栏中的各个选项对工具做进一步的设置。

图 2-8

图 2-9

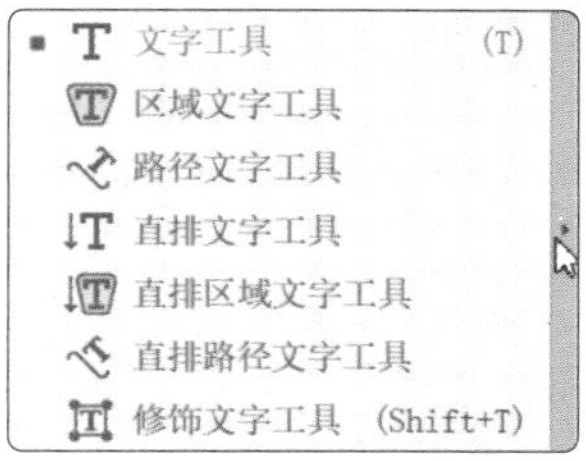

图 2-10

图 2-11

5 面板

Illustrator CC 2019 的面板位于工作界面的右侧，它包括许多实用、快捷的工具和命令。随着 Illustrator CC 2019 功能的不断增强，其面板也在不断改进，越来越合理，为用户绘制和编辑图像带来了极大的方便。

面板通常以组的形式出现，图 2-12 所示是其中的一组面板。选择"色板"选项卡，如图 2-13 所示，按住鼠标左键并向页面区域拖曳，如图 2-14 所示。将其拖曳到面板组外时释放鼠标左键，将形成独立的面板，如图 2-15 所示。

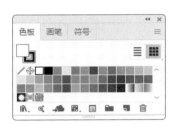
图 2-12

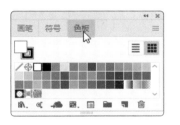
图 2-13

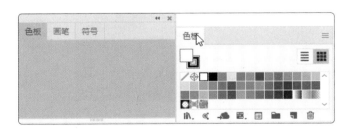
图 2-14

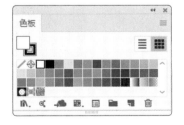
图 2-15

单击面板右上角的"折叠为图标"按钮 ‹‹ 和"展开面板"按钮 ›› 可以折叠或展开面板，如图 2-16 所示。将鼠标指针放置在面板右下角，鼠标指针变为 ↖ 图标，按住鼠标左键，拖曳可放大或缩小面板。

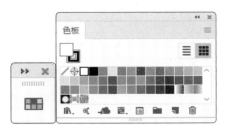
图 2-16

6 状态栏

状态栏在工作界面的最下面，如图 2-17 所示。单击按钮，可显示当前使用的工具、当前的日期和时间、文件操作的还原次数，以及文档颜色配置文件等。

图 2-17

2.1.3　任务实施

（1）启动 Illustrator CC 2019，选择"文件 > 打开"命令，弹出"打开"对话框。选择云盘中的"Ch02 > 效果 > 2.1 绘制线性图标"文件，单击"打开"按钮，打开文件，如图 2-18 所示。

（2）在左侧工具箱中选择"选择"工具 ，单击以选择图形，如图 2-19 所示。按 Ctrl+C 组合键复制图形。按 Ctrl+N 组合键，弹出"新建文档"对话框，选项设置如图 2-20 所示，单击"创建"按钮，新建一个文档。按 Ctrl+V 组合键，将复制的图形粘贴到新建的文档中，如图 2-21 所示。

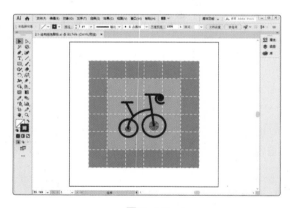

图 2-18

图 2-19

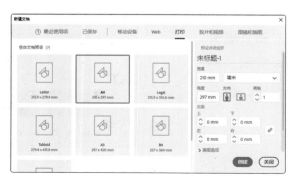

图 2-20

图 2-21

（3）选择"对象＞取消编组"命令，取消对象的编组状态。选择"选择"工具 ，选择图形，如图 2-22 所示。选择"窗口＞色板"命令，弹出"色板"面板，单击以选择需要的颜色，如图 2-23 所示，图形被填充颜色后的效果如图 2-24 所示。

图 2-22

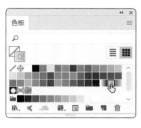
图 2-23

图 2-24

（4）按 Ctrl+S 组合键，弹出"存储为"对话框，设置保存文件的名称、类型和路径，单击"保存"按钮，保存文件。

任务 2.2　掌握文件的基本操作

2.2.1　任务引入

本任务要求读者首先了解文件的设置方法；然后通过打开素材文件掌握"打开"命令的使用方法，通过复制文件掌握"新建"命令的使用方法，通过关闭新建文件掌握"存储"和"关闭"命令的使用方法。

2.2.2　任务知识：文件的设置方法

1 新建文件

选择"文件＞新建"命令（组合键为Ctrl+N），弹出"新建文档"对话框，用户根据需要选择上方的类别选项卡，然后选择需要的预设新建文档，如图 2-25 所示。在右侧的"预设详细信息"选项组中修改图像的名称、宽度、高度、分辨率和颜色模式等预设选项。设置完成后，单击"创建"按钮，即可建立一个新的文档。

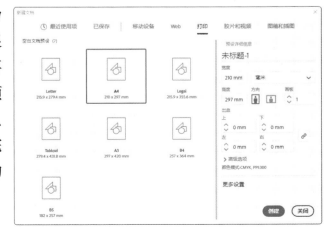
图 2-25

单击"高级选项"左侧的 ❯ 按钮，可以展开高级选项，如图 2-26 所示。单击 `更多设置` 按钮，弹出"更多设置"对话框，如图 2-27 所示。

图 2-26   图 2-27

② 打开文件

选择"文件 > 打开"命令（组合键为 Ctrl+O），弹出"打开"对话框，如图 2-28 所示。在对话框中搜索路径和要打开的文件，确认文件类型和名称，单击"打开"按钮，即可打开选择的文件。

③ 保存文件

当用户第一次保存文件时，选择"文件 > 存储"命令（组合键为 Ctrl+ S），弹出"存储为"对话框，如图 2-29 所示，在对话框中输入要保存的文件名称，设置保存文件的路径、类型。设置完成后，单击"保存"按钮，即可保存文件。

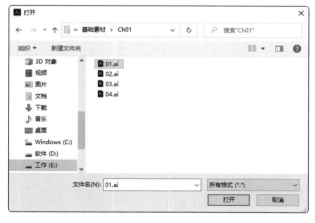

图 2-28   图 2-29

当用户对图形文件进行了各种编辑操作并保存后，再选择"文件 > 存储"命令时，将不弹出"存储为"对话框，计算机会直接保存最终确认的结果，并覆盖原文件。因此，在未确定要放弃原始文件之前，应慎用此命令。

若既要保存修改过的文件，又不想放弃原文件，则可以使用"存储为"命令。选择"文件 > 存储为"命令（组合键为 Shift+Ctrl+S），弹出"存储为"对话框。在这个对话框中，可以为修改过的文件重新命名，并设置文件的路径和类型。设置完成后，单击"保存"按钮，原文件保留不变，修改过的文件被另存为一个新的文件。

④ 关闭文件

选择"文件 > 关闭"命令（组合键为 Ctrl+W），可将当前文件关闭。"关闭"命令只有在有文件被打开时才呈可用状态。也可单击标题栏中的"关闭"按钮来关闭文件。若当前文件被修改过或是新建的文件，那么在关闭文件的时候，系统就会弹出一个提示对话框，如图 2-30 所示。

图 2-30

2.2.3　任务实施

（1）启动 Illustrator CC 2019，选择"文件 > 打开"命令，弹出"打开"对话框，如图 2-31 所示。选择云盘中的"Ch02 > 效果 > 2.2- 绘制节能环保插画"文件，单击"打开"按钮，打开效果文件，如图 2-32 所示。

图 2-31

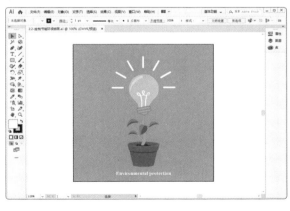

图 2-32

（2）按 Ctrl+A 组合键全选图形，如图 2-33 所示，按 Ctrl+C 组合键复制图形。选择"文件 > 新建"命令，弹出"新建文档"对话框，选项设置如图 2-34 所示，单击"创建"按钮，新建一个文档。

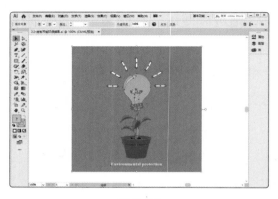

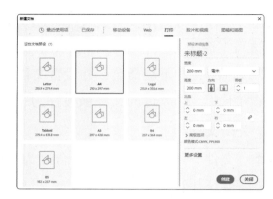

图 2-33　　　　　　　　　　　　　　　　　　图 2-34

（3）按 Ctrl+V 组合键，将复制的图形粘贴到新建的文档中，并将其拖曳到适当的位置，如图 2-35 所示。单击标题栏中的"关闭"按钮，弹出提示对话框，如图 2-36 所示。单击"是"按钮，弹出"存储为"对话框，选项设置如图 2-37 所示。单击"保存"按钮，弹出"Illustrator选项"对话框，选项设置如图 2-38 所示，单击"确定"按钮，保存文件。

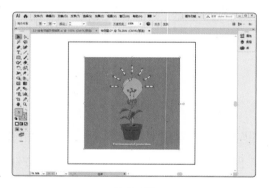

图 2-35　　　　　　　　　　　　　　　　　　图 2-36

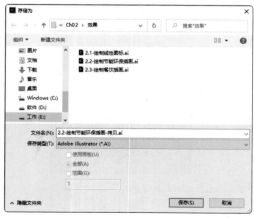

图 2-37　　　　　　　　　　　　　　　　　　图 2-38

（4）单击标题栏中的"关闭"按钮，关闭打开的"2.2-绘制节能环保插画"文件。单击工作界面右上角的"关闭"按钮 ⊠，关闭软件。

任务 2.3　掌握图像的基本操作

2.3.1　任务引入

本任务要求读者首先了解图像的操作方法；然后通过将窗口层叠显示，掌握窗口排列的方法，通过缩小文件掌握图像的显示方式，通过在轮廓中删除不需要的图形掌握视图模式的切换方法。

2.3.2　任务知识：图像的操作方法

1　图像的显示方式

◎ 适合窗口大小显示图像

绘制图像时，可以选择"视图 > 适合窗口大小"命令来显示图像，这时图像就会最大限度地显示在工作界面中并保持其完整性。

选择"视图 > 画板适合窗口大小"命令（组合键为 Ctrl+0），可以放大当前画板内容，图像显示的效果如图2-39所示。也可以双击"抓手"工具 ✋，将图像调整为适合工作界面大小显示。

选择"视图 > 全部适合窗口大小"命令（组合键为 Alt+Ctrl+0），可以查看工作界面中的所有画板内容。

◎ 显示图像的实际大小

使用"实际大小"命令可以将图像按100%的效果显示,在此状态下可以对图像进行精确编辑。

选择"视图 > 实际大小"命令（组合键为 Ctrl+1），图像的显示效果如图 2-40 所示。

图 2-39

图 2-40

◎ 放大显示图像

选择"视图 > 放大"命令（组合键为 Ctrl++），可以放大显示图像。每选择一次该命令，工作界面内的图像就会被放大一级。例如，图像以 100% 的比例显示在屏幕上，选择"视图 > 放大"命令一次，则变成 150%，再选择一次，则变成 200%，放大后的效果如图 2-41 所示。

也可使用"缩放"工具放大显示图像。选择"缩放"工具🔍，鼠标指针会自动变为🔍图标，每单击一次，图像就会被放大一级。例如，图像以 100% 的比例显示在屏幕上，单击一次，则变成 150%，放大后的效果如图 2-42 所示。

图 2-41   图 2-42

若要放大图像的局部区域，则先选择"缩放"工具🔍，然后把🔍图标定位在要放大的区域外，按住鼠标左键并拖曳，画出矩形框圈选所需的区域，如图 2-43 所示，释放鼠标左键，这个区域就会放大显示并填满工作界面，如图 2-44 所示。

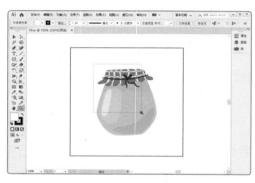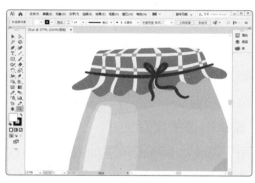

图 2-43   图 2-44

提示   　　　　如果当前正在使用其他工具，又需要切换到"缩放"工具时，按住 Ctrl+Space 组合键即可。

◎ 缩小显示图像

选择"视图 > 缩小"命令（组合键为 Ctrl+﹣），可以缩小显示图像。每选择一次"缩小"命令，工作界面内的图像就会被缩小一级，缩小后的效果如图 2-45 所示。

也可使用"缩放"工具缩小显示图像。选择"缩放"工具🔍，鼠标指针会自动变为🔍图标，按住 Alt 键，则该图标变为🔍图标。按住 Alt 键，每单击图像一次，图像就会被缩小一级。

图 2-45

提示

在使用其他工具时，若要切换到该工具，可以按住 Alt+Ctrl+Space 组合键。

使用状态栏也可放大或缩小显示图像。在状态栏中的百分比数值框 100% 中直接输入需要放大或缩小的百分比数值，按 Enter 键即可执行操作。

还可使用"导航器"面板放大或缩小显示图像。选择"窗口 > 导航器"命令，弹出"导航器"面板，如图 2-46 所示，使用其中的工具就可以放大或缩小显示图像。

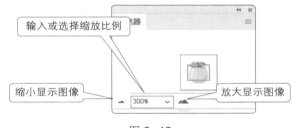

图 2-46

◎ 全屏显示图像

全屏显示图像有助于更好地观察图像的完整效果。单击工具箱下方的"更改屏幕模式"按钮，可以在 3 种模式之间相互转换，即正常屏幕模式、带有菜单栏的全屏模式和全屏模式。按 F 键也可切换屏幕显示模式。另外，还可以将图稿作为演示文稿显示。

• 正常屏幕模式：这种屏幕显示模式包括标题栏、菜单栏、工具箱、工具属性栏、面板、状态栏和打开文件的标题栏，如图 2-47 所示。

• 带有菜单栏的全屏模式：这种屏幕显示模式包括菜单栏、工具箱、工具属性栏和面板，如图 2-48 所示。

图 2-47

图 2-48

- 全屏模式：这种屏幕显示模式只显示页面，如图 2-49 所示；按 Tab 键可以调出菜单栏、工具箱、工具属性栏和面板。
- 演示文稿模式：将图稿作为演示文稿显示，按 Shift+F 组合键可以切换至演示文稿模式，如图 2-50 所示。

图 2-49

图 2-50

❷ 窗口的排列方法

当用户打开多个文件时，工作界面中会出现多个文件窗口，这时就需要对文件窗口进行布置和摆放。

同时打开多个文件时，效果如图 2-51 所示。选择"窗口 > 排列 > 全部在窗口中浮动"命令，文件都浮动排列在工作界面中，如图 2-52 所示。此时，可对文件进行层叠、平铺的操作。选择"窗口 > 排列 > 合并所有窗口"命令，可将所有文件再次合并到选项卡中。

选择"窗口 > 排列 > 平铺"命令，文件的排列效果如图 2-53 所示。选择"窗口 > 排列 > 层叠"命令，文件的排列效果如图 2-54 所示。

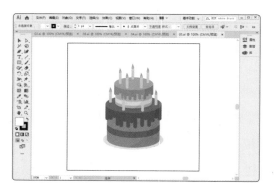

图 2-51

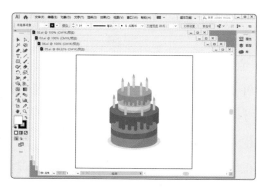

图 2-52

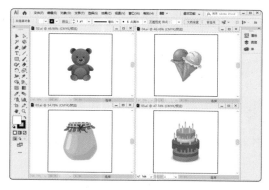

图 2-53

图 2-54

❸ 标尺、参考线和网格的设置和使用

Illustrator CC 2019 提供了标尺、参考线和网格等工具，利用这些工具可以帮助用户对所绘制和编辑的对象精确定位，还可测量对象的准确尺寸。

◎ 标尺

选择"视图 > 标尺 > 显示标尺"命令（组合键为 Ctrl+R），显示出标尺，效果如图 2-55 所示。如果要将标尺隐藏，可以选择"视图 > 标尺 > 隐藏标尺"命令（组合键为 Ctrl+R）。

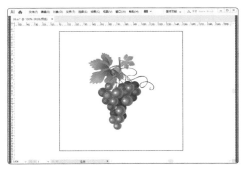

图 2-55

◎ 参考线

如果想要添加参考线，可以从水平或垂直标尺上向页面中拖曳参考线，还可根据需要将对象或路径转换为参考线。

选择要转换的路径，如图 2-56 所示，选择"视图 > 参考线 > 建立参考线"命令（组合键为 Ctrl+5），可以将选择的路径转换为参考线，如图 2-57 所示。选择"视图 > 参考线 > 释放参考线"命令（组合键为 Alt+Ctrl+5），可以将选择的参考线转换为路径。

图 2-56　　　　　　　　　　　　　　　图 2-57

选择"视图 > 参考线 > 隐藏参考线"命令（组合键为 Ctrl+;），可以将参考线隐藏。

选择"视图 > 参考线 > 锁定参考线"命令（组合键为 Alt+Ctrl+;），可以将参考线锁定。

选择"视图 > 参考线 > 清除参考线"命令，可以清除参考线。

选择"视图 > 智能参考线"命令（组合键为 Ctrl+U），可以显示智能参考线。当图形移动或旋转到一定角度时，智能参考线就会高亮显示并给出提示信息。

◎ 网格

选择"视图 > 显示网格"命令（组合键为 Ctrl+"），可以显示出网格，如图 2-58 所示。选择"视图 > 隐藏网格"命令（组合键为 Ctrl+"），可以将网格隐藏。

如果需要设置网格的颜色、样式、间隔等属性，选择"编辑 > 首选项 > 参考线和网格"

命令，弹出"首选项"对话框，如图 2-59 所示，在其中可进行各种设置。

图 2-58

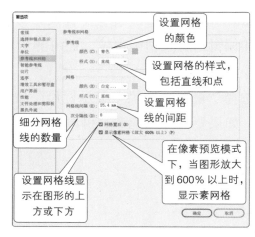

图 2-59

④ 撤销和恢复对对象的操作

在进行设计的过程中，可能会出现错误的操作，下面介绍如何撤销和恢复对对象的操作。

◎ 撤销对对象的操作

选择"编辑 > 还原"命令（组合键为 Ctrl+Z），可以还原上一次的操作。连续按 Ctrl+Z 组合键，可以连续还原操作。

◎ 恢复对对象的操作

选择"编辑 > 重做"命令（组合键为 Shift+Ctrl+Z），可以恢复上一次的操作。连续按两次 Shift+Ctrl+Z 组合键，可以恢复两步操作。

2.3.3 任务实施

（1）启动 Illustrator CC 2019，按 Ctrl+O 组合键，打开云盘中的"Ch02 > 效果 > 2.3- 绘制餐饮插画"文件，如图 2-60 所示。新建 3 个文件，分别选择需要的对象，将其复制到新建的文件中，如图 2-61 ～图 2-63 所示。

图 2-60

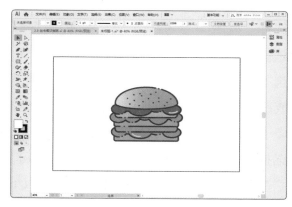

图 2-61

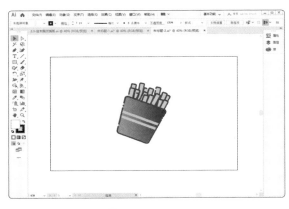

图 2-62

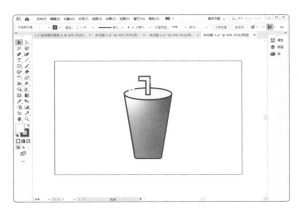

图 2-63

（2）选择"窗口＞排列＞平铺"命令，将 4 个文件窗口平铺显示，如图 2-64 所示。单击"2.3- 绘制餐饮插画"选项卡，将该文件窗口显示在前面，如图 2-65 所示。

图 2-64

图 2-65

（3）选择"缩放"工具，在工作界面中单击，使对象放大，如图 2-66 所示。按住 Alt 键多次单击直到对象的大小适当，如图 2-67 所示。

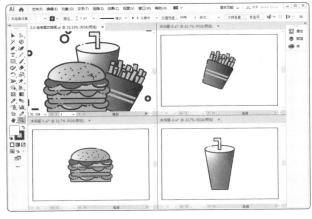

图 2-66

图 2-67

（4）选择"窗口 > 排列 > 合并所有窗口"命令，可将 4 个文件窗口合并。单击"未标题 -1.ai"选项卡，将该文件窗口显示在前面，如图 2-68 所示。双击"抓手"工具，将对象调整为适合工作界面大小的显示，如图 2-69 所示。

图 2-68　　　　　　　　　　　　　　　　图 2-69

（5）选择"视图 > 轮廓"命令，工作界面中显示对象的轮廓，如图 2-70 所示。选择对象的轮廓，取消编组并删除不需要的轮廓，如图 2-71 所示。

图 2-70　　　　　　　　　　　　　　　　图 2-71

（6）选择"视图 > 在 CPU 上预览"命令，工作界面中显示预览效果，如图 2-72 所示。将复制的效果分别保存到需要的文件中。

图 2-72

项目3

制作界面元素
——图标设计

03

图标设计是界面设计重要的组成部分，可以帮助用户更好地理解产品的功能，是营造产品用户体验的关键。通过本项目的学习，读者可以掌握图标设计的方法和技巧。

学习引导

知识目标

- 了解图标的概念
- 掌握图标的类型和设计风格

能力目标

- 熟悉图标的设计思路和过程
- 掌握图标的绘制方法和技巧

素养目标

- 培养图标设计的创意能力
- 培养对图标的审美与鉴赏能力

实训项目

- 绘制媒体娱乐 App 金刚区歌单图标
- 绘制旅游出行 App 金刚区兼职图标

相关知识：图标设计基础

1 图标的概念

图标是具有明确意义的图形。通过将某个词语或概念设计成形象易辨的图形，可以降低用户的理解成本、提高设计的整体美观程度，如图 3-1 所示。图标通常和文本相互搭配使用，两者相互支撑，共同起到传递其中所要表达的内容、信息及意义的作用。

图 3-1

2 图标的类型

◎ 产品图标

产品图标是体现产品品牌调性和特性的图标，常见的产品图标如图 3-2 所示。该类图标通常应用于计算机桌面、手机桌面以及 App 应用市场等综合场景中。

图 3-2

◎ 功能图标

功能图标是图形化的符号，具有明确的功能，常见的功能图标如图 3-3 所示。该类图标通常出现在界面中的导航栏及标签栏等需要用户进行操作的模块中。

图 3-3

◎ 装饰图标

装饰图标常用于渲染气氛，更多地承担了视觉方面的作用，常见的装饰图标如图 3-4 所示。该类图标通常出现在引导页、空状态、弹窗、404 错误页等页面进行点缀。

图 3-4

3 图标的设计风格

◎ 拟物风格

拟物风格的图标贴近现实，通常带有渐变、高光、阴影等效果，常见的拟物风格图标如图 3-5 所示。在 iOS6 时代拟物风格达到了巅峰，现常用于工具类、游戏类图标设计中。

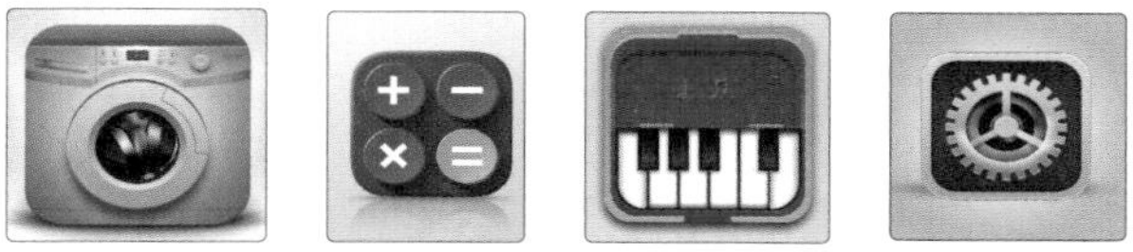

图 3-5

◎ 扁平风格

扁平风格图标与拟物风格图标相反，很少有渐变、高光、阴影等效果，常见的扁平风格图标如图 3-6 所示。自 2013 年 iOS7 推出扁平风格图标以来，其就成为设计的主流趋势，现已被广泛运用。

图 3-6

◎ 3D 风格

3D 风格的图标立体而有层次，常由若干个几何多边体构成，常见的 3D 风格图标如图 3-7 所示，其制作软件通常为 3ds Max 和 Cinema 4D 等，常用于游戏中。

图 3-7

◎ 2.5D 风格

2.5D 风格的图标通常是由物体的正面、光面和暗面 3 面组成的，以模拟 3D 效果，常见的 2.5D 风格图标如图 3-8 所示。其常用于引导页、空状态、弹窗等场景中。

图 3-8

任务 3.1　绘制媒体娱乐 App 金刚区歌单图标

3.1.1　任务引入

本任务要求读者为媒体娱乐 App 制作金刚区歌单图标。金刚区指界面中的重要位置，是界面的核心功能区域，通常表现为多行排列的"图标＋文字"。该 App 是一款针对年轻人推出的社交应用，通过它可以随时随地和朋友联系，还可以通过直播、短视频结交新的朋友。图标旨在帮助用户识别 App 各大功能，从而能够快速上手，因此要求设计符合 App 的定位和场景需求。

3.1.2　设计理念

图标使用同色系的背景衬托话筒主体，微渐变的面型图标整体饱满、形象突出，具有光影效果，可以快速吸引用户的注意力；整体设计简洁美观，在展现出设计主题的同时增加活泼性，令人印象深刻。最终效果参看云盘中的"Ch03 > 效果 > 3.1-绘制媒体娱乐 App 金刚区歌单图标"文件，如图 3-9 所示。

图 3-9

3.1.3　任务知识：绘图工具、图案与渐变网格填充

❶ 绘制矩形和圆角矩形

◎ 绘制矩形

选择"矩形"工具▢，在需要的位置单击，按住鼠标左键，拖曳鼠标指针到需要的位置，释放鼠标左键，绘制出一个矩形，效果如图 3-10 所示。

选择"矩形"工具 ，在需要的位置单击，按住 Shift 键和鼠标左键，拖曳鼠标指针到需要的位置，释放鼠标左键，绘制出一个正方形，效果如图 3-11 所示。

选择"矩形"工具 ，在需要的位置单击，按住～键和鼠标左键不放，拖曳鼠标指针到需要的位置，释放鼠标左键，绘制出多个矩形，效果如图 3-12 所示。

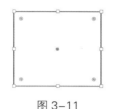

图 3-10　　　　　　　　图 3-11　　　　　　　　图 3-12

提示　　按住 Alt 键，可以绘制一个以单击点为中心的矩形。按住 Alt+Shift 组合键，可以绘制一个以鼠标单击点为中心的正方形。在绘制过程中按住 Space 键，可以暂停绘制工作而在页面上任意移动未绘制完成的矩形，释放 Space 键后可以继续绘制矩形。上述方法在"圆角矩形"工具 ⬜、"椭圆"工具 ⬭、"多边形"工具 ⬟、"星形"工具 ☆ 中同样适用。

◎ 精确绘制矩形

选择"矩形"工具 ⬜，在需要的位置单击，弹出"矩形"对话框，如图 3-13 所示。设置完成后，单击"确定"按钮，得到图 3-14 所示的矩形。

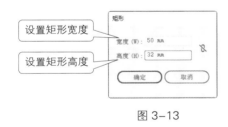

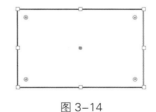

图 3-13　　　　　　　　　　　　　图 3-14

◎ 绘制圆角矩形

选择"圆角矩形"工具 ⬜，在需要的位置单击，按住鼠标左键，拖曳鼠标指针到需要的位置，释放鼠标左键，绘制出一个圆角矩形，效果如图 3-15 所示。

选择"圆角矩形"工具 ⬜，在需要的位置单击，按住 Shift 键和鼠标左键，拖曳鼠标指针到需要的位置，释放鼠标左键，绘制出一个宽度和高度相等的圆角矩形，效果如图 3-16 所示。

选择"圆角矩形"工具 ⬜，在需要的位置单击，按住～键和鼠标左键，拖曳鼠标指针到需要的位置，释放鼠标左键，绘制出多个圆角矩形，效果如图 3-17 所示。

图 3-15　　　　　　　　图 3-16　　　　　　　　图 3-17

◎ 精确绘制圆角矩形

选择"圆角矩形"工具 ▣，在需要的位置单击，弹出"圆角矩形"对话框，如图 3-18 所示。在对话框中，"宽度"选项用于设置圆角矩形的宽度，"高度"选项用于设置圆角矩形的高度，"圆角半径"选项用于控制圆角矩形中圆角半径的长度。设置完成后，单击"确定"按钮，得到图 3-19 所示的圆角矩形。

◎ 使用"变换"面板制作实时转角

选择"选择"工具 ▶，选择绘制好的矩形。选择"窗口 > 变换"命令（组合键为 Shift+F8），弹出"变换"面板，如图 3-20 所示。

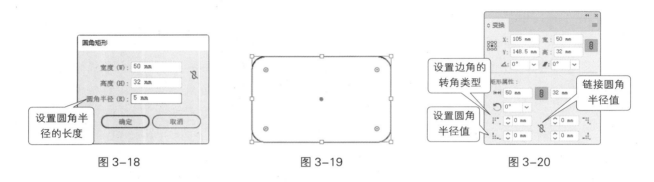

图 3-18　　　　　　　　图 3-19　　　　　　　　图 3-20

单击 ⏣ 按钮，其他选项的设置如图 3-21 所示，按 Enter 键，得到图 3-22 所示的效果。单击 ⬡ 按钮，其他选项的设置如图 3-23 所示，按 Enter 键，得到图 3-24 所示的效果。

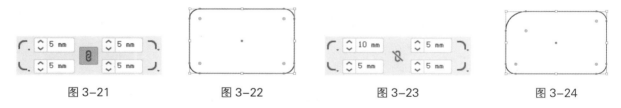

图 3-21　　　　　　图 3-22　　　　　　图 3-23　　　　　　图 3-24

◎ 直接拖曳制作实时转角

选择"选择"工具 ▶，选择绘制好的矩形。此时，矩形的上、下、左、右 4 个边角构件处于可编辑状态，如图 3-25 所示，向内拖曳其中任意一个边角构件，如图 3-26 所示，可对矩形角进行变形，释放鼠标左键，如图 3-27 所示。

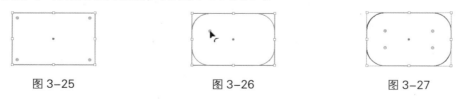

图 3-25　　　　　　　　图 3-26　　　　　　　　图 3-27

提示　　　　选择"视图 > 隐藏边角构件"命令，可以将边角构件隐藏。选择"视图 > 显示边角构件"命令，可以显示出边角构件。

当鼠标指针移动到任意一个实心边角构件上时，鼠标指针变为➤图标，如图 3-28 所示。单击可将实心边角构件变为空心边角构件，鼠标指针变为➤图标，如图 3-29 所示。拖曳可对选择的边角单独进行变形操作，如图 3-30 所示。

图 3-28　　　　　　　　　　图 3-29　　　　　　　　　　图 3-30

按住 Alt 键单击任意一个边角构件，或在拖曳边角构件的同时按↑键或↓键，可在 3 种边角中交替转换，如图 3-31 所示。

按住 Ctrl 键双击其中一个边角构件，弹出"边角"对话框，在其中可以设置边角样式、边角半径和圆角类型，如图 3-32 所示。

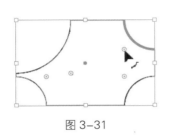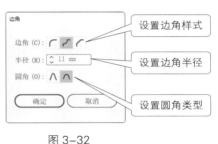

图 3-31　　　　　　　　　　　　　图 3-32

提示

　　　　将边角构件拖曳至最大值时，圆角预览呈红色显示，为不可编辑状态。

❷ 绘制椭圆形和圆形

◎ 绘制椭圆形

选择"椭圆"工具 ，在需要的位置单击，按住鼠标左键不放，拖曳鼠标指针到需要的位置，释放鼠标左键，绘制出一个椭圆形，效果如图 3-33 所示。

选择"椭圆"工具 ，在需要的位置单击，按住 Shift 键和鼠标左键，拖曳鼠标指针到需要的位置，释放鼠标左键，绘制出一个圆形，效果如图 3-34 所示。

选择"椭圆"工具 ，在需要的位置单击，按住～键和鼠标左键不放，拖曳鼠标指针到需要的位置，释放鼠标左键，绘制出多个椭圆形，效果如图 3-35 所示。

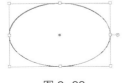

图 3-33　　　　　　　　　　图 3-34　　　　　　　　　　图 3-35

◎ 精确绘制椭圆形

选择"椭圆"工具 ⬭，在需要的位置单击，弹出"椭圆"对话框，如图 3-36 所示。在对话框中，"宽度"选项用于设置椭圆形的宽度，"高度"选项用于设置椭圆形的高度。设置完成后，单击"确定"按钮，得到图 3-37 所示的椭圆形。

图 3-36　　　　　　　　　　　　　图 3-37

◎ 使用"变换"面板制作饼图

选择"选择"工具 ▸，选择绘制好的椭圆形。选择"窗口 > 变换"命令（组合键为 Shift+F8），弹出"变换"面板，如图 3-38 所示。

将"饼图起点角度" ⬭ 0° ⌄ 设置为 45°，效果如图 3-39 所示。将此选项设置为 180°，效果如图 3-40 所示。

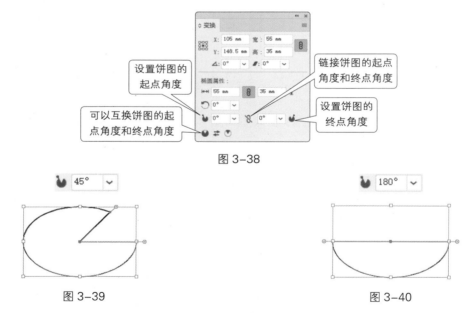

图 3-38

图 3-39　　　　　　　　　　　　　图 3-40

将"饼图终点角度" 0° ⌄ ⬭ 设置为 45°，效果如图 3-41 所示。将此选项设置为 180°，效果如图 3-42 所示。

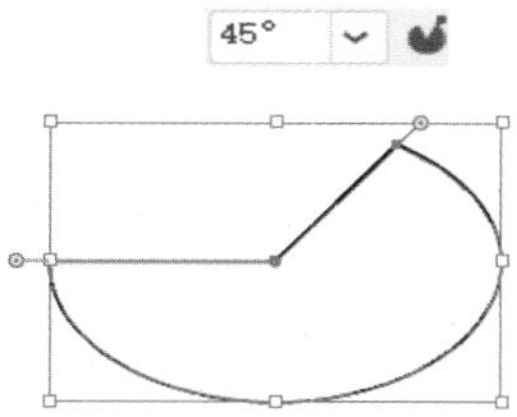

图 3-41 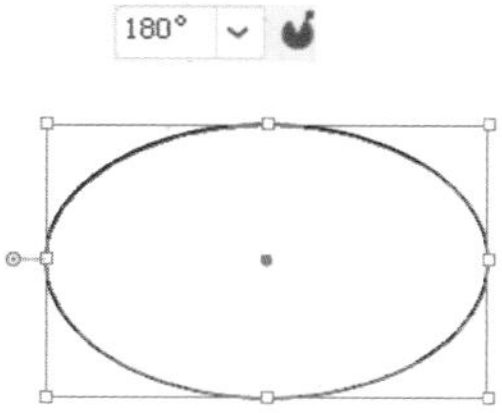　　　　　　　　　　　　　图 3-42

将"饼图起点角度"⚓ 0° ∨设置为60°，"饼图终点角度"⚓ 0° ∨设置为30°，效果如图3-43所示。单击"反转饼图"按钮⇄，将饼图的起点角度和终点角度互换，效果如图3-44所示。

图3-43　　　　　　　　　　　　　　　　图3-44

◎ 直接拖曳制作饼图

选择"选择"工具▶，选择绘制好的椭圆形。将鼠标指针放置在饼图构件上，鼠标指针变为▶图标，效果如图3-45所示。向上拖曳饼图构件，可以改变饼图起点角度，效果如图3-46所示。向下拖曳饼图构件，可以改变饼图终点角度，效果如图3-47所示。

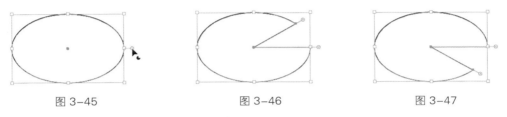

图3-45　　　　　　　　　图3-46　　　　　　　　　图3-47

◎ 使用"直接选择"工具调整饼图转角

选择"直接选择"工具▷，选择绘制好的饼图。此时，边角构件处于可编辑状态，效果如图3-48所示，向内拖曳其中任意一个边角构件，如图3-49所示，可对饼图角进行变形，释放鼠标左键，效果如图3-50所示。

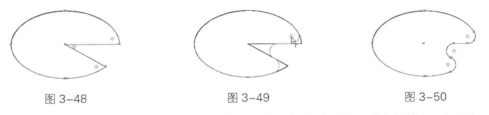

图3-48　　　　　　　　　图3-49　　　　　　　　　图3-50

当鼠标指针移动到任意一个实心边角构件上时，鼠标指针变为▷图标，如图3-51所示。单击可将实心边角构件变为空心边角构件，鼠标指针变为▷图标，如图3-52所示。拖曳可对选择的饼图转角单独进行变形操作，释放鼠标左键后，效果如图3-53所示。

图3-51　　　　　　　　　图3-52　　　　　　　　　图3-53

按住Alt键单击任意一个边角构件，或在拖曳边角构件的同时按↑键或↓键，可在3种边角中交替转换，如图3-54所示。

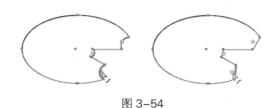

图 3-54

提示

按住 Ctrl 键双击任意一个边角构件，弹出"边角"对话框，在其中可以设置边角样式、边角半径和圆角类型。

③ 绘制多边形

◎ 使用鼠标绘制多边形

选择"多边形"工具 ◎，在需要的位置单击，按住鼠标左键不放，拖曳鼠标指针到需要的位置，释放鼠标左键，绘制出一个多边形，效果如图 3-55 所示。

选择"多边形"工具 ◎，在需要的位置单击，按住 Shift 键和鼠标左键不放，拖曳鼠标指针到需要的位置，释放鼠标左键，绘制出一个正多边形，效果如图 3-56 所示。

选择"多边形"工具 ◎，在需要的位置单击，按住～键和鼠标左键不放，拖曳鼠标指针到需要的位置，释放鼠标左键，绘制出多个多边形，效果如图 3-57 所示。

图 3-55

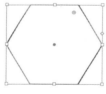

图 3-56

图 3-57

◎ 精确绘制多边形

选择"多边形"工具 ◎，在需要的位置单击，弹出"多边形"对话框，如图 3-58 所示。设置完成后，单击"确定"按钮，得到图 3-59 所示的多边形。

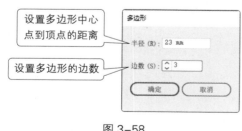

图 3-58

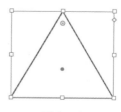

图 3-59

◎ 直接拖曳增加或减少多边形边数

选择"选择"工具 ▶，选择绘制好的多边形。将鼠标指针放置在多边形构件右侧的控制点上，鼠标指针变为 图标，如图 3-60 所示。向上拖曳多边形构件，可以减少多边形的边数，如图 3-61 所示。向下拖曳多边形构件，可以增加多边形的边数，如图 3-62 所示。

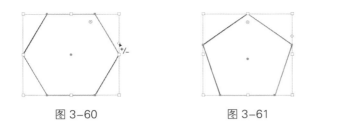

图 3-60　　　　　　　　图 3-61　　　　　　　　图 3-62

 提示　　　多边形的"边数"的取值范围为 3 ~ 11，最少边数为 3，最多边数为 11。

◎ 使用"变换"面板制作实时转角

选择"选择"工具 ▶，选择绘制好的正六边形。选择"窗口 > 变换"命令（组合键为 Shift+F8），弹出"变换"面板，如图 3-63 所示。

"多边形属性"选项的取值范围为 3 ~ 20。当数值最小为 3 时，效果如图 3-64 所示；当数值最大为 20 时，效果如图 3-65 所示。

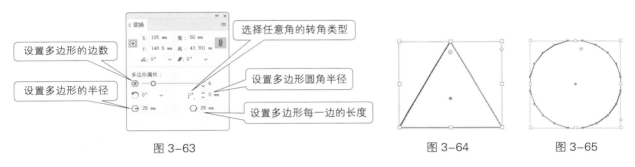

图 3-63　　　　　　　　　　　　图 3-64　　　　　　图 3-65

"边角类型"包括"圆角""反向圆角""倒角"3 种，效果分别如图 3-66 所示。

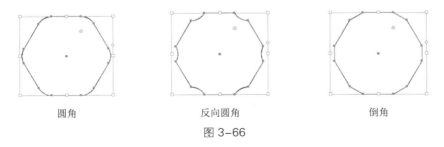

圆角　　　　　　　　反向圆角　　　　　　　　倒角

图 3-66

❹ 绘制星形

◎ 使用鼠标绘制星形

选择"星形"工具 ✫，在需要的位置单击，按住鼠标左键不放，拖曳鼠标指针到需要的位置，释放鼠标左键，绘制出一个星形，效果如图 3-67 所示。

选择"星形"工具 ，在需要的位置单击，按住 Shift 键和鼠标左键不放，拖曳鼠标指针到需要的位置，释放鼠标左键，绘制出一个正星形，效果如图 3-68 所示。

选择"星形"工具 ，按住～键，在需要的位置单击，按住 Shift 键和鼠标左键不放，拖曳鼠标指针到需要的位置，释放鼠标左键，绘制出多个星形，效果如图 3-69 所示。

图 3-67　　　　　　　　图 3-68　　　　　　　　图 3-69

◎ 精确绘制星形

选择"星形"工具 ，在需要的位置单击，弹出"星形"对话框，如图 3-70 所示。设置完成后，单击"确定"按钮，得到图 3-71 所示的星形。

图 3-70　　　　　　　　　　　　　　图 3-71

提示

使用"直接选择"工具调整多边形和星形的实时转角的方法与调整椭圆形的实时转角的方法相同，这里不再赘述。

❺ 使用图案填充

图案填充是绘制图形的重要手段,使用合适的图案进行填充可以使绘制的图形更加生动形象。

选择"窗口 > 色板库 > 图案"命令，在弹出的面板中可以选择自然、装饰等多种图案填充图形，如图 3-72 所示。

绘制一个图形，如图 3-73 所示。在工具箱下方单击"描边"按钮，再在"Vonster 图案"面板中选择需要的图案，如图 3-74 所示，将图案填充到图形的描边上，效果如图 3-75 所示。

　　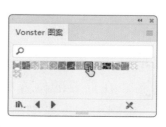　

图 3-72　　　　　图 3-73　　　　　图 3-74　　　　　图 3-75

在工具箱下方单击"填色"按钮，再在"Vonster 图案"面板中选择需要的图案，如图 3-76 所示，将案填充到图形的内部，效果如图 3-77 所示。

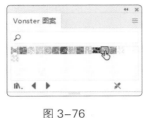

图 3-76

图 3-77

⑥　建立渐变网格

应用渐变网格功能可以制作出图形颜色细微之处的变化，并且易于控制图形颜色。使用渐变网格可以对图形应用多个方向、多种颜色的渐变填充。

◎ 使用"网格"工具建立渐变网格

选择"椭圆"工具 ◯，绘制椭圆形，保持其被选择的状态，效果如图 3-78 所示。选择"网格"工具 ▦，在椭圆形中单击，将椭圆形创建为渐变网格对象，在椭圆形中增加了横竖两条线交叉形成的网格，如图 3-79 所示。继续在椭圆形中单击，可以增加新的网格，效果如图 3-80 所示。在网格中横竖两条线交叉形成的点就是网格点，而横、竖线就是网格线。

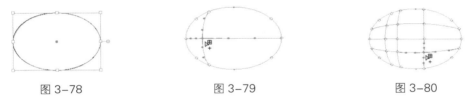

图 3-78　　　　　　　　　　图 3-79　　　　　　　　　　图 3-80

◎ 使用"创建渐变网格"命令创建渐变网格

选择"椭圆"工具 ◯，绘制椭圆形，保持其被选择的状态，效果如图 3-81 所示。选择"对象 > 创建渐变网格"命令，弹出"创建渐变网格"对话框，如图 3-82 所示。设置数值后，单击"确定"按钮，可以为图形创建渐变网格的填充，效果如图 3-83 所示。

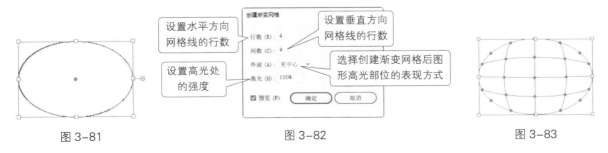

图 3-81　　　　　　　　　　图 3-82　　　　　　　　　　图 3-83

⑦　编辑渐变网格

◎ 添加网格点

选择"椭圆"工具 ◯，绘制椭圆形，保持其被选择的状态，效果如图 3-84 所示。选择"网格"工具 ▦，在椭圆形中单击，创建渐变网格对象，如图 3-85 所示。在椭圆形中的其他位置再次单击，可以添加网格点，如图 3-86 所示，同时添加了网格线。在网格线上再次单击，可以继续添加网格点，如图 3-87 所示。

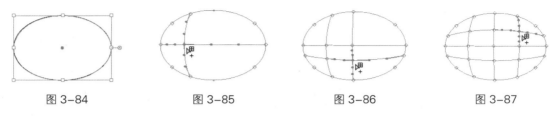

图 3-84 图 3-85 图 3-86 图 3-87

◎ 删除网格点

选择"网格"工具□或"直接选择"工具▷，单击以选择网格点，如图 3-88 所示。按 Delete 键，即可将网格点删除，效果如图 3-89 所示。

图 3-88 图 3-89

◎ 编辑网格颜色

选择"直接选择"工具▷，单击以选择网格点，如图 3-90 所示，在"色板"面板中单击需要的颜色块，如图 3-91 所示，可以为网格点填充颜色，效果如图 3-92 所示。

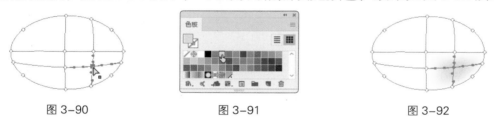

图 3-90 图 3-91 图 3-92

选择"直接选择"工具▷，单击以选择网格，如图 3-93 所示，在"色板"面板中单击需要的颜色块，如图 3-94 所示，可以为网格填充颜色，效果如图 3-95 所示。

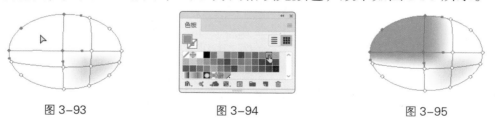

图 3-93 图 3-94 图 3-95

选择"网格"工具□，在网格点上单击并按住鼠标左键拖曳网格点，可以移动网格点，效果如图 3-96 所示。拖曳网格点的控制手柄可以调节网格线，效果如图 3-97 所示。

图 3-96 图 3-97

3.1.4　任务实施

（1）按 Ctrl+N 组合键，弹出"新建文档"对话框，设置文档的宽度为 90 px，高度为 90 px，取向为竖向，颜色模式为 RGB，单击"创建"按钮，新建一个文档。

（2）选择"椭圆"工具 ⬭，按住 Shift 键绘制一个圆形。双击"渐变"工具 ▣，弹出"渐变"面板，单击"线性渐变"按钮 ▣，在色谱条上设置两个渐变滑块。分别将渐变滑块的位置设置为 0、100，并设置 R、G、B 的值分别为 0（254、191、42）、100（254、231、107），其他选项的设置如图 3-98 所示。图形被填充为渐变色，设置描边颜色为无，效果如图 3-99 所示。

（3）选择"矩形"工具 ▢，在页面区域中单击，弹出"矩形"对话框，选项设置如图 3-100 所示，单击"确定"按钮，出现一个矩形。选择"选择"工具 ▶，拖曳矩形到适当的位置，效果如图 3-101 所示。

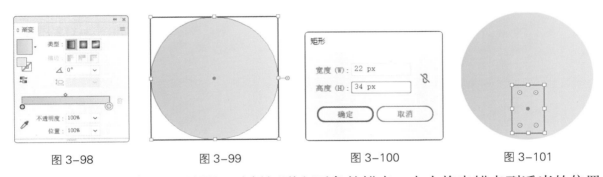

图 3-98　　　　　图 3-99　　　　　图 3-100　　　　　图 3-101

（4）选择"直接选择"工具 ▷，选择矩形左下角的锚点，向右拖曳锚点到适当的位置，效果如图 3-102 所示。用相同的方法调整矩形右下角的锚点，效果如图 3-103 所示。

（5）选择"选择"工具 ▶，选择图形，如图 3-104 所示。双击"渐变"工具 ▣，弹出"渐变"面板，单击"线性渐变"按钮 ▣，在色谱条上设置两个渐变滑块。分别将渐变滑块的位置设置为 0、100，并设置 R、G、B 的值分别为 0（254、98、42）、100（254、55、42），其他选项的设置如图 3-105 所示。图形被填充为渐变色，设置描边颜色为无，效果如图 3-106 所示。

图 3-102　　　　图 3-103　　　　图 3-104　　　　图 3-105　　　　图 3-106

（6）选择"椭圆"工具 ⬭，按住 Shift 键，在适当的位置绘制一个圆形，效果如图 3-107

所示。选择"选择"工具 ▶，按住 Alt+Shift 组合键，垂直向上拖曳圆形到适当的位置，复制圆形，效果如图 3-108 所示。

（7）选择第一个圆形，填充圆形为黑色，设置描边颜色为无，效果如图 3-109 所示。在属性栏中将"不透明度"设置为 35%，按 Enter 键确定操作，效果如图 3-110 所示。

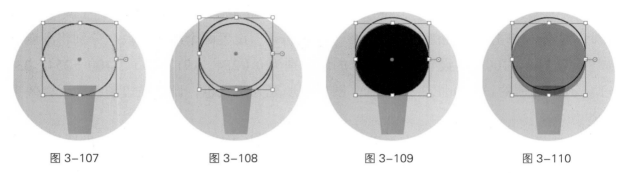

图 3-107   图 3-108   图 3-109   图 3-110

（8）选择"选择"工具 ▶，选择下方红色渐变图形，按 Ctrl+C 组合键，复制图形，按 Shift+Ctrl+V 组合键，就地粘贴图形，效果如图 3-111 所示。按住 Shift 键，单击透明图形将其同时选择，如图 3-112 所示，按 Ctrl+7 组合键建立剪切蒙版，效果如图 3-113 所示。

图 3-111   图 3-112   图 3-113

（9）选择大圆形，按 Shift+Ctrl+] 组合键，将其置于顶层，效果如图 3-114 所示。设置图形填充颜色为浅黄色（254、183、28），填充图形，设置描边颜色为无，效果如图 3-115 所示。

（10）选择"对象 > 创建渐变网格"命令，在弹出的对话框中进行设置，如图 3-116 所示。单击"确定"按钮，效果如图 3-117 所示。

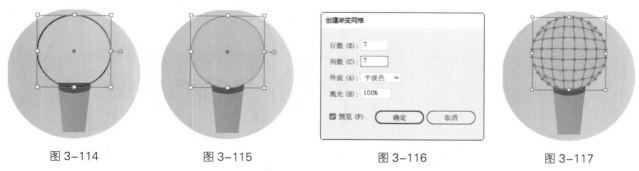

图 3-114   图 3-115   图 3-116   图 3-117

（11）选择"直接选择"工具 ▷，按住 Shift 键，单击以选择网格中的锚点，如图 3-118 所示，设置填充颜色为米白色（254、246、234），填充锚点，效果如图 3-119 所示。用相同的方法分别选择网格中的其他锚点，填充相应的颜色，效果如图 3-120 所示。

图 3-118　　　　　图 3-119　　　　　图 3-120

（12）选择"圆角矩形"工具，在页面区域中单击，弹出"圆角矩形"对话框，选项设置如图 3-121 所示，单击"确定"按钮，出现一个圆角矩形。选择"选择"工具，拖曳圆角矩形到适当的位置，效果如图 3-122 所示。

（13）双击"渐变"工具，弹出"渐变"面板，单击"线性渐变"按钮，在色谱条上设置两个渐变滑块。分别将渐变滑块的位置设置为 0、100，并设置 R、G、B 的值分别为 0（255、255、75）、100（255、128、0），其他选项的设置如图 3-123 所示。图形被填充为渐变色，设置描边颜色为无，效果如图 3-124 所示。

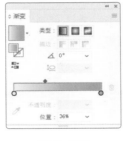

图 3-121　　　　　图 3-122　　　　　图 3-123　　　　　图 3-124

（14）选择"圆角矩形"工具，在页面区域中单击，弹出"圆角矩形"对话框，选项设置如图 3-125 所示，单击"确定"按钮，出现一个圆角矩形。选择"选择"工具，拖曳圆角矩形到适当的位置，填充图形为黑色，设置描边颜色为无，效果如图 3-126 所示。

（15）按 Ctrl+C 组合键复制图形，按 Ctrl+F 组合键将复制的图形贴在前面。向上拖曳圆角矩形下方中间的控制点到适当的位置，调整其大小，效果如图 3-127 所示。

图 3-125　　　　　图 3-126　　　　　图 3-127

（16）选择"选择"工具，按住 Shift 键依次单击，将所绘制的图形同时选择，按 Ctrl+G 组合键将其编组，效果如图 3-128 所示。

（17）选择"窗口 > 变换"命令，弹出"变换"面板，将"旋转"设置为45°，如图 3-129 所示。按 Enter 键确定操作，效果如图 3-130 所示。

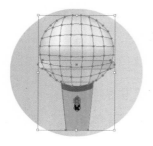

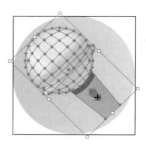

图 3-128　　　　　　　　　图 3-129　　　　　　　　　图 3-130

（18）选择"选择"工具 ▶，拖曳编组图形到适当的位置，效果如图 3-131 所示。选择下方黄色渐变图形，按 Ctrl+C 组合键复制图形，按 Shift+Ctrl+V 组合键就地粘贴图形，效果如图 3-132 所示。

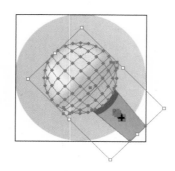
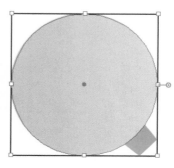

图 3-131　　　　　　　　　　　　　图 3-132

（19）按住 Shift 键单击编组图形将其同时选择，如图 3-133 所示，按 Ctrl+7 组合键建立剪切蒙版，效果如图 3-134 所示。至此，媒体娱乐 App 金刚区歌单图标绘制完成，效果如图 3-135 所示。

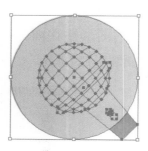
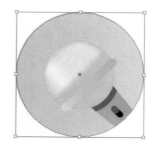

图 3-133　　　　　　　　图 3-134　　　　　　　　图 3-135

3.1.5　扩展实践：绘制电商平台 App 金刚区家电图标

使用"圆角矩形"工具 ▢、"描边"面板、"椭圆"工具 ⬭、"矩形"工具 ▢ 和"变换"面板绘制洗衣机外形和功能按钮；使用"椭圆"工具 ⬭、

"直线段"工具  和"描边"面板绘制洗衣机滚筒。最终效果参看云盘中的
"Ch03 > 效果 > 3.1 绘制电商平台 App 金刚区家电图标"文件，如图 3-136 所示。

图 3-136

任务 3.2 绘制旅游出行 App 金刚区兼职图标

3.2.1 任务引入

本任务要求读者为旅游出行 App 制作金刚区兼职图标。该 App 是综合性旅行服务平台，可以随时随地向用户提供集酒店预订、旅游度假及兼职资讯在内的全方位旅行服务。图标旨在帮助出行人员了解各种旅行途中的兼职工作、提供一切符合需求的岗位，因此要求设计符合 App 的定位和场景需求。

微课视频

绘制旅游出行
App 金刚区兼职
图标

3.2.2 设计理念

图标使用纯色背景突出行李箱主体，形象鲜明，能快速吸引用户的注意；行李箱上的钟表图案突出了该 App 的便利性、时效性，设计巧妙，富有创意。最终效果参看云盘中的"Ch03 > 效果 > 3.2- 绘制旅游出行 App 金刚区兼职图标"文件，如图 3-137 所示。

3.2.3 任务知识：对象的编辑与描边

图 3-137

❶ 对象的选择

要编辑一个对象，首先要选择这个对象。对象刚建立时一般呈被选择状态，对象的周围出现矩形圈选框，矩形圈选框是由 8 个控制点组成的，对象的中心有一个中心标记。矩形圈选框如图 3-138 所示。

当选择多个对象时，多个对象会共用 1 个矩形圈选框，多个对象的选择状态如图 3-139 所示。要取消对象的选择状态，只要在绘图页面上的其他位置单击即可。

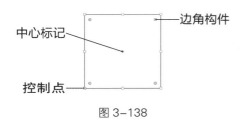

图 3-138

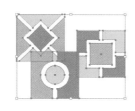

图 3-139

◎ 使用"选择"工具选择对象

选择"选择"工具 ▶，当鼠标指针移动到对象或路径上时，鼠标指针变为 ▶.图标，如图 3-140 所示。当鼠标指针移动到锚点上时，鼠标指针变为 ▶.图标，如图 3-141 所示，此时单击即可选择对象。选择对象后，鼠标指针变为 ▶.图标，如图 3-142 所示。

图 3-140　　　　　　　图 3-141　　　　　　　图 3-142

提示　　按住 Shift 键，分别在要选择的对象上单击，即可连续选择多个对象。

选择"选择"工具 ▶，在页面区域中要选择的对象外围单击并拖曳鼠标指针，会出现一个灰色的矩形圈选框，如图 3-143 所示。在矩形圈选框圈框住整个对象后释放鼠标左键，这时，被圈选的对象处于选择状态，如图 3-144 所示。用圈选的方法可以同时选择一个或多个对象。

图 3-143　　　　　　　　　　　图 3-144

◎ 使用"直接选择"工具选择对象

选择"直接选择"工具 ▷，单击对象可以选择整个对象，如图 3-145 所示。在对象的某个锚点上单击，该锚点将被选择，如图 3-146 所示。选择该锚点，按住鼠标左键并向下拖曳，将改变对象的形状，如图 3-147 所示。

图 3-145　　　　　　　图 3-146　　　　　　　图 3-147

也可使用"直接选择"工具 ▷ 圈选对象。使用"直接选择"工具 ▷ 拖曳出一个矩形圈选框，在框中的所有对象将被同时选择。

提示　　在移动锚点的时候按住 Shift 键，锚点可以沿着 45°角的整数倍方向移动；在移动锚点的时候按住 Alt 键，可以复制锚点，这样就可以得到一段新路径。

② 对象的比例缩放、移动和镜像

◎ 对象的缩放

在 Illustrator CC 2019 中可以快速而精确地按比例缩放对象，使设计工作变得更轻松。下面就介绍对象的按比例缩放方法。

· 使用工具箱中的工具按比例缩放对象

选择要缩放的对象，对象的周围出现矩形圈选框，如图 3-148 所示。拖曳需要的控制点，如图 3-149 所示，可以缩放对象，效果如图 3-150 所示。

图 3-148　　　　　　　　图 3-149　　　　　　　　图 3-150

提示　　拖曳对角线上的控制点时，按住 Shift 键对象会等比例缩放，按住 Shift+Alt 组合键对象会从中心等比例缩放。

选择要等比例缩放的对象，选择"比例缩放"工具 🔲，对象的中心出现缩放对象的中心标记，在中心标记上单击，按住鼠标左键拖曳可以移动中心标记的位置，如图 3-151 所示。在对象上拖曳可以缩放对象，如图 3-152 所示。等比例缩放对象的效果如图 3-153 所示。

图 3-151　　　　　　　　图 3-152　　　　　　　　图 3-153

• 使用"变换"面板等比例缩放对象

选择"窗口 > 变换"命令（组合键为 Shift+F8），弹出"变换"面板，如图 3-154 所示。

• 使用菜单命令缩放对象

选择"对象 > 变换 > 缩放"命令，弹出"比例缩放"对话框，如图 3-155 所示。

• 使用鼠标右键的快捷菜单命令缩放对象

在选择的要缩放的对象上单击鼠标右键，弹出快捷菜单，选择"对象 > 变换 > 缩放"命令，也可以对对象进行缩放。

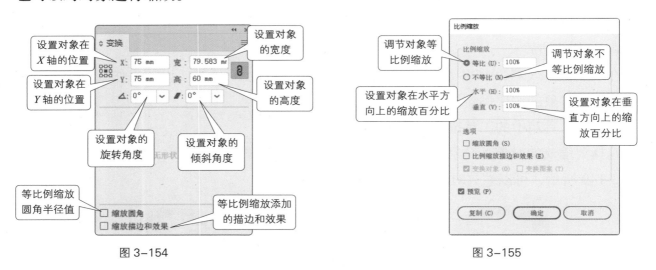

图 3-154　　　　　　　　　　　　　图 3-155

◎ 对象的移动

在 Illustrator CC 2019 中可以快速而精确地移动对象。要移动对象，就要使被移动的对象处于选择状态。

• 使用工具箱中的工具和键盘移动对象

选择要移动的对象，如图 3-156 所示。在对象上单击，按住鼠标左键不放，拖曳鼠标指针到需要放置对象的位置，如图 3-157 所示。释放鼠标左键，对象的移动操作完成，效果如图 3-158 所示。

图 3-156　　　　　　　　图 3-157　　　　　　　　图 3-158

选择要移动的对象，用键盘上的方向键可以微调对象的位置。

• 使用"变换"面板移动对象

选择"窗口 > 变换"命令，弹出"变换"面板。"变换"面板的使用方法与"对象的缩放"中所讲的使用方法相同，这里不再赘述。

• 使用菜单命令移动对象

选择"对象 > 变换 > 移动"命令（组合键为 Shift+Ctrl+M），弹出"移动"对话框，如图 3-159 所示。

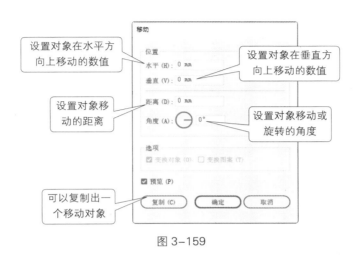

图 3-159

◎ 对象的镜像

在 Illustrator CC 2019 中可以快速而精确地进行镜像操作，以使设计和制作工作更加轻松、有效。

• 使用工具箱中的工具镜像对象

选择要生成镜像的对象，效果如图 3-160 所示。选择"镜像"工具 ，拖曳对象进行旋转，对象上出现蓝色线，效果如图 3-161 所示，这样可以实现对象的旋转变换，也就是使对象绕自身中心的镜像变换，镜像后的效果如图 3-162 所示。

在页面区域中任意位置单击，可以确定新的镜像轴标记 的位置，效果如图 3-163 所示。在页面区域中任意位置再次单击，则单击产生的点与镜像轴标记的连线就作为镜像变换的镜像轴，对象在与镜像轴对称的地方生成镜像，效果如图 3-164 所示。

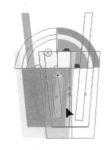

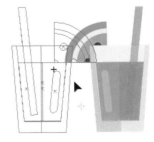

图 3-160　　　　图 3-161　　　　图 3-162　　　　图 3-163　　　　图 3-164

提示　　使用"镜像"工具 生成镜像对象的过程中，只能使对象本身产生镜像。要想在镜像的位置生成一个对象的复制品，在拖曳鼠标时按住 Alt 键即可。"镜像"工具 也可以用于旋转对象。

• 使用"选择"工具 镜像对象

选择"选择"工具 ▶，选择要生成镜像的对象，效果如图 3-165 所示。按住鼠标左键直接拖曳控制点到相对的边，直到出现对象的蓝色线，效果如图 3-166 所示，释放鼠标左键就可以得到不规则的镜像对象，效果如图 3-167 所示。

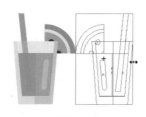

图 3-165　　　　　　　　　图 3-166　　　　　　　　图 3-167

直接拖曳左边或右边中间的控制点到相对的边，直到出现对象的蓝色线，释放鼠标左键就可以得到原对象的水平镜像对象。直接拖曳上边或下边中间的控制点到相对的边，直到出现对象的蓝色虚线，释放鼠标左键就可以得到原对象的垂直镜像对象。

> 提示
>
> 　　按住 Shift 键拖曳边角上的控制点到相对的边，对象会等比例地沿对角线方向生成镜像对象。按住 Shift+Alt 组合键拖曳边角上的控制点到相对的边，对象会等比例地从中心生成镜像对象。

• 使用菜单命令镜像对象

选择"对象 > 变换 > 对称"命令，弹出"镜像"对话框，如图 3-168 所示。

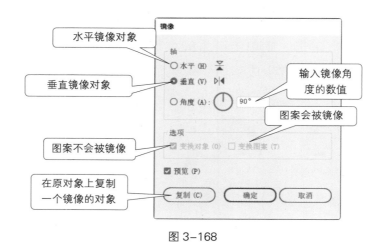

图 3-168

❸ 对象的旋转和倾斜变形

◎ 对象的旋转

• 使用工具箱中的工具旋转对象

选择"选择"工具 ▶，选择要旋转的对象，将鼠标指针移动到旋转控制点上，这时鼠标指针变为↰图标，如图3-169所示，按住鼠标左键拖曳鼠标指针旋转对象，旋转时对象上会出现蓝色的虚线，指示旋转方向和角度，效果如图3-170所示。旋转到需要的角度后释放鼠标左键，旋转对象的效果如图3-171所示。

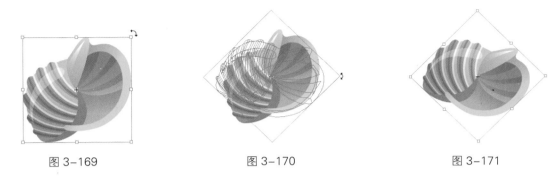

| 图3-169 | 图3-170 | 图3-171 |

选择要旋转的对象，选择"自由变换"工具🔲，对象的四周出现控制点。拖曳控制点，就可以旋转对象。此工具与"选择"工具▶的使用方法类似。

选择要旋转的对象，选择"旋转"工具↻，对象的四周出现控制点，拖曳控制点，就可以旋转对象。对象是围绕旋转中心标记✛来旋转的，Illustrator默认的旋转中心是对象的中心点。可以通过改变旋转中心来使对象旋转到新的位置，将鼠标指针移动到旋转中心标记上，按住鼠标左键并拖曳旋转中心标记到需要的位置，效果如图3-172所示，再拖曳图形进行旋转，效果如图3-173所示，改变旋转中心后旋转对象的效果如图3-174所示。

 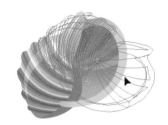 

| 图3-172 | 图3-173 | 图3-174 |

- 使用"变换"面板旋转对象

选择"窗口 > 变换"命令，弹出"变换"面板。"变换"面板的使用方法与"对象的缩放"中该面板的使用方法相同，这里不再赘述。

- 使用菜单命令旋转对象

选择"对象 > 变换 > 旋转"命令或双击"旋转"工具↻，弹出"旋转"对话框，如图3-175所示。

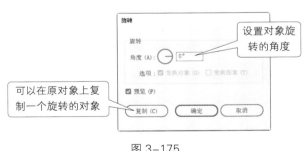

图3-175

◎ 对象的倾斜

- 使用工具箱中的工具倾斜对象

选择要倾斜的对象，效果如图3-176所示，选择"倾斜"工具📐，对象的四周将出现控制点。拖曳控制点，对象倾斜时会出现蓝色的线来指示倾斜变形的方向和角度，效果如

图 3-177 所示。倾斜到需要的角度后释放鼠标左键即可，对象的倾斜效果如图 3-178 所示。

图 3-176　　　　　　　　　　图 3-177　　　　　　　　　　图 3-178

• 使用"变换"面板倾斜对象

选择"窗口 > 变换"命令，弹出"变换"面板。"变换"面板的使用方法和"对象的缩放"中该面板的使用方法相同，这里不再赘述。

• 使用菜单命令倾斜对象

选择"对象 > 变换 > 倾斜"命令，弹出"倾斜"对话框，如图 3-179 所示。在对话框中，"倾斜角度"选项用于设置对象倾斜的角度。在"轴"选项组中选择"水平"单选项，对象可以水平倾斜；选择"垂直"单选项，对象可以垂直倾斜；选择"角度"单选项，可以调节倾斜的角度。"复制"按钮用于在原对象上复制一个倾斜的对象。

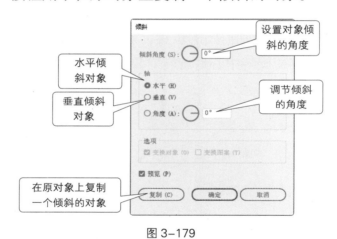

图 3-179

提示　　对象的移动、旋转、镜像和倾斜操作也可以使用鼠标右键的快捷菜单命令来完成。

④ 使用"路径查找器"面板编辑对象

在 Illustrator CC 2019 中编辑图形时，"路径查找器"面板是最常用的工具之一。它包含一组功能强大的路径编辑命令。使用"路径查找器"面板可以使许多简单的路径经过特定的运算之后形成各种复杂的路径。

选择"窗口 > 路径查找器"命令（组合键为 Shift+Ctrl+F9），弹出"路径查找器"面板，如图 3-180 所示。

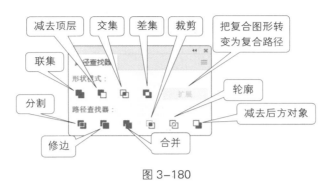

图 3-180

◎ 使用"路径查找器"面板

• "联集"按钮

在页面区域中选择两个绘制的对象，如图 3-181 所示，单击"联集"按钮，从而生成新的对象，新对象的填充和描边属性与位于顶部的对象的填充和描边属性相同，效果如图 3-182 所示。

• "减去顶层"按钮

在页面区域中选择两个绘制的对象，如图 3-183 所示，单击"减去顶层"按钮，从而生成新的对象。使用"减去顶层"按钮可以在最下层对象的基础上，将被上层对象挡住的部分和上层的所有对象同时删除，只剩下最下层对象的剩余部分，效果如图 3-184 所示。

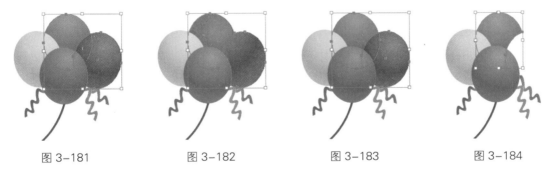

图 3-181　　　　图 3-182　　　　图 3-183　　　　图 3-184

• "交集"按钮

在页面区域中选择两个绘制的对象，如图 3-185 所示，单击"交集"按钮，从而生成新的对象。使用"交集"按钮可以将图形没有重叠的部分删除，仅保留重叠部分，所生成的新对象的填充和描边属性与位于顶部的对象的填充和描边属性相同，效果如图 3-186 所示。

• "差集"按钮

在页面区域中选择两个绘制的对象，如图 3-187 所示，单击"差集"按钮，从而生成新的对象。使用"差集"按钮可以删除对象间重叠的部分，所生成的新对象的填充和描边属性与位于顶部的对象的填充和描边属性相同，效果如图 3-188 所示。

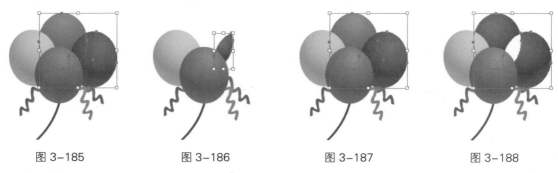

图 3-185　　　　　图 3-186　　　　　图 3-187　　　　　图 3-188

- "分割"按钮 🔲

在页面区域中选择两个绘制的对象，如图 3-189 所示，单击"分割"按钮 🔲，从而生成新的对象，效果如图 3-190 所示。使用"分割"按钮可以分离相互重叠的对象，从而得到多个独立的对象，所生成的新对象的填充和描边属性与位于顶部的对象的填充和描边属性相同。取消选取状态后的效果如图 3-191 所示。

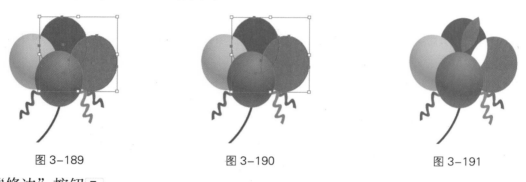

图 3-189　　　　　　　图 3-190　　　　　　　图 3-191

- "修边"按钮 🔲

在页面区域中选择两个绘制的对象，如图 3-192 所示，单击"修边"按钮 🔲，从而生成新的对象，效果如图 3-193 所示。使用"修边"按钮可以删除所有对象的描边属性和被上层对象挡住的部分，新生成的对象保持原来的填充属性。取消选择状态后的效果如图 3-194 所示。

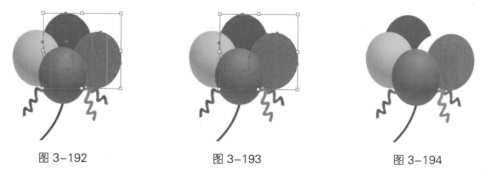

图 3-192　　　　　　　图 3-193　　　　　　　图 3-194

- "合并"按钮 🔲

在页面区域中选择两个绘制的对象，如图 3-195 所示，单击"合并"按钮 🔲，从而生成新的对象，效果如图 3-196 所示。如果填充属性相同，使用"合并"按钮可以删除所有对象的描边属性，且合并具有相同颜色的整体对象。如果填充属性不同，使用"合并"按钮可以删除所有对象的描边属性和被上层对象挡住的部分，则"合并"按钮就相当于"修边"按钮 的功能。取消选择状态后的效果如图 3-197 所示。

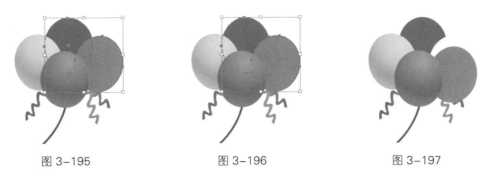

图 3-195　　　　　　　图 3-196　　　　　　　图 3-197

- "裁剪"按钮

在页面区域中选择两个绘制的对象，如图 3-198 所示，单击"裁剪"按钮 ，从而生成新的对象，效果如图 3-199 所示。"裁剪"按钮的工作原理和蒙版相似，对重叠的对象来说，使用"裁剪"按钮可以把所有放在最前面对象之外的部分修剪掉，同时最前面的对象本身将消失。取消选择状态后的效果如图 3-200 所示。

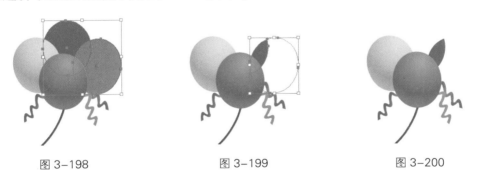

图 3-198　　　　　　　图 3-199　　　　　　　图 3-200

- "轮廓"按钮

在页面区域中选择两个绘制的对象，如图 3-201 所示，单击"轮廓"按钮 ，从而生成新的对象，效果如图 3-202 所示。使用"轮廓"按钮勾勒出所有对象的轮廓。取消选择状态后的效果如图 3-203 所示。

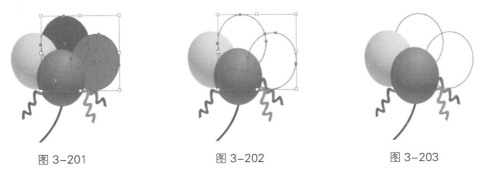

图 3-201　　　　　　　图 3-202　　　　　　　图 3-203

- "减去后方对象"按钮

在页面区域中选择两个绘制的对象，如图 3-204 所示，单击"减去后方对象"按钮 ，从而生成新的对象，效果如图 3-205 所示。使用"减去后方对象"按钮可以从最前面的对象中减去后面的对象。取消选择状态后的效果如图 3-206 所示。

图 3-204　　　　　　图 3-205　　　　　　图 3-206

⑤ 使用"描边"面板

描边其实就是对象的描边线，对描边进行填充时，还可以对其进行一定的设置，如更改描边的形状、粗细以及设置为虚线描边等。

选择"窗口 > 描边"命令（组合键为 Ctrl+F10），弹出"描边"面板，如图 3-207 所示。"描边"面板主要用来设置对象描边的属性，如粗细、形状等。

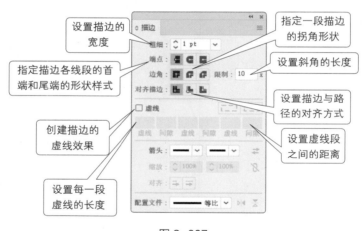

图 3-207

3.2.4 任务实施

（1）按 Ctrl+N 组合键，弹出"新建文档"对话框，设置文档的宽度为 90 px，高度为 90 px，取向为竖向，颜色模式为 RGB，单击"创建"按钮，新建一个文档。

（2）选择"矩形"工具 ▣，绘制一个与页面大小相等的矩形。设置填充颜色为浅紫色（216、228、255），填充图形，设置描边颜色为无，效果如图 3-208 所示。

（3）选择"窗口 > 变换"命令，弹出"变换"面板，在"矩形属性："选项组中，将"圆角半径"均设置为 22 px，如图 3-209 所示。按 Enter 键确定操作，效果如图 3-210 所示。

图 3-208

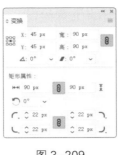

图 3-209

图 3-210

（4）选择"矩形"工具▢，在适当的位置绘制一个矩形，如图 3-211 所示。在"变换"面板中，将"圆角半径"均设置为 9 px，如图 3-212 所示。按 Enter 键确定操作，效果如图 3-213 所示。

图 3-211

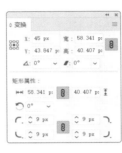

图 3-212

图 3-213

（5）选择"矩形"工具▢，在适当的位置绘制一个矩形，如图 3-214 所示。在"变换"面板中，将"圆角半径"分别设置为 7 px 和 0 px，如图 3-215 所示。按 Enter 键确定操作，效果如图 3-216 所示。

图 3-214

图 3-215

图 3-216

（6）选择"选择"工具▶，按住 Shift 键单击下方圆角矩形将其同时选择，如图 3-217 所示。选择"窗口 > 路径查找器"命令，弹出"路径查找器"面板，单击"联集"按钮▣，如图 3-218 所示，生成新的对象，效果如图 3-219 所示。

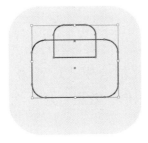

图 3-217

图 3-218

图 3-219

（7）选择"矩形"工具▣，在适当的位置绘制一个矩形，如图 3-220 所示。在"变换"面板中，将"圆角半径"分别设置为 2 px 和 0 px，如图 3-221 所示。按 Enter 键确定操作，效果如图 3-222 所示。

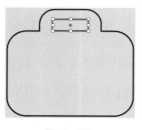
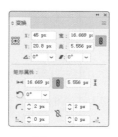

图 3-220　　　　　　　　　　　图 3-221　　　　　　　　　　　图 3-222

（8）选择"选择"工具▶，按住 Shift 键单击下方图形将其同时选择，如图 3-223 所示。在"路径查找器"面板中单击"减去顶层"按钮◻，如图 3-224 所示，生成新的对象，效果如图 3-225 所示。

图 3-223　　　　　　　　　　　图 3-224　　　　　　　　　　　图 3-225

（9）双击"渐变"工具▣，弹出"渐变"面板，单击"线性渐变"按钮▣，在色谱条上设置 3 个渐变滑块。分别将渐变滑块的位置设置为 0、55、100，并设置 R、G、B 的值分别为 0（13、176、255）、55（1、130、251）、100（3、127、235），其他选项的设置如图 3-226 所示。图形被填充为渐变色，设置描边颜色为无，效果如图 3-227 所示。

（10）选择"选择"工具▶，按 Ctrl+C 组合键复制图形，按 Ctrl+B 组合键将复制的图形粘贴在后面。按→键和↓键，微调复制的图形到适当的位置，填充图形为黑色，效果如图 3-228 所示。

图 3-226　　　　　　　　　　　图 3-227　　　　　　　　　　　图 3-228

（11）选择"窗口＞透明度"命令，弹出"透明度"面板，将混合模式设置为"叠加"，如图 3-229 所示，效果如图 3-230 所示。用相同的方法绘制其他图形，效果如图 3-231 所示。

图 3-229   图 3-230   图 3-231

（12）选择"矩形"工具 □，在适当的位置绘制一个矩形，如图 3-232 所示。选择"直接选择"工具 ▷，单击以选择右上角的锚点，如图 3-233 所示。按 Delete 键将其删除，效果如图 3-234 所示。

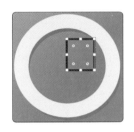

图 3-232   图 3-233   图 3-234

（13）选择"选择"工具 ▶，选择折线，设置描边颜色为浅紫色（216、228、255），填充描边，效果如图 3-235 所示。

（14）选择"窗口 > 描边"命令，弹出"描边"面板，单击"端点"选项组中的"圆头端点"按钮 ⌐，其他选项的设置如图 3-236 所示。按 Enter 键确定操作，效果如图 3-237 所示。

图 3-235   图 3-236   图 3-237

（15）按 Ctrl+C 组合键复制折线，按 Ctrl+B 组合键将复制的折线粘贴在后面。按→键和↓键，微调复制的折线到适当的位置，效果如图 3-238 所示。设置描边颜色为海蓝色（1、104、187），填充描边，效果如图 3-239 所示。

（16）选择"椭圆"工具 ◯，按住 Shift 键在适当的位置绘制一个圆形，设置填充颜色为浅紫色（216、228、255），填充图形，设置描边颜色为无，效果如图 3-240 所示。

（17）按 Ctrl+C 组合键复制圆形，按 Ctrl+B 组合键将复制的圆形粘贴在后面。按→键和↓键，微调复制的圆形到适当的位置，效果如图 3-241 所示。设置填充颜色为海蓝色（1、104、187），填充图形，效果如图 3-242 所示。至此，旅游出行 App 金刚区兼职图标绘制完成，效果如图 3-243 所示。

  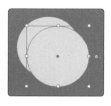 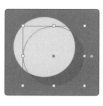 

图 3-238　　　　　图 3-239　　　　　图 3-240　　　　　图 3-241　　　　　图 3-242　　　　　图 3-243

3.2.5　扩展实践：绘制食品餐饮 App 产品图标

使用"圆角矩形"工具 、"渐变"工具 、"钢笔"工具 、"矩形"工具 、"椭圆"工具 和"变换"面板绘制食品餐饮 App 产品图标。最终效果参看云盘中的"Ch03 > 效果 > 3.2- 绘制食品餐饮 App 产品图标文件"，如图 3-244 所示。

图 3-244

微课视频
绘制食品餐饮
App 产品图标

任务 3.3　项目演练——绘制家居装修 App 金刚区商店图标

3.3.1　任务引入

座儿家具 App 是专门销售现代家具的平台，产品包括沙发、橱柜、双人床等日常家具。平台中的家具因其现代、实用、百搭的风格而广受好评。本任务要求读者为座儿家具 App 绘制金刚区商店图标，要求根据品牌的调性、产品的功能及场景应用等因素设计一款微拟物图标。

图 3-245

3.3.2　设计理念

图标使用多样化的基础图形进行叠加，体现出品牌的多元化和个性化，既给用户带来视觉上的冲击力，又体现了图标生动的形象；图标整体色彩丰富，营造出欢快的感觉，具有吸引力。最终效果参看云盘中的"Ch03 > 效果 > 3.3- 绘制家居装修 App 金刚区商店图标"文件，如图 3-245 所示。

微课视频
绘制家居装修
App 金刚区商店
图标

项目4

制作生动图画
——插画设计

随着信息化时代的到来，插画设计作为视觉信息传达的重要手段，已经被广泛应用到现代艺术设计领域。由于计算机软件技术的发展，插画的设计更加趋于多样化，并随着现代艺术思潮的发展而不断创新。通过本项目的学习，读者可以掌握插画的设计方法和制作技巧。

学习引导

知识目标
- 了解插画的概念
- 掌握插画的应用领域和分类

能力目标
- 熟悉插画的设计思路和过程
- 掌握插画的绘制方法和技巧

素养目标
- 培养对插画的设计创意能力
- 培养对插画的审美与鉴赏能力

实训项目
- 绘制风景插画
- 绘制许愿灯插画

相关知识：插画设计基础

1 插画的概念

插画以宣传某种主题为目的，通过将主题内容进行视觉化的效果表示，营造出主题突出、感染力强、生动形象的艺术效果。海报、广告、杂志、说明书、书籍、包装等设计中，凡是用来宣传主题内容的图画都可以称为插画，如图4-1所示。

图 4-1

2 插画的应用领域

插画被广泛应用于现代艺术设计的多个领域，包括互联网、媒体、出版、文化艺术活动、广告展览、公共事业、影视游戏等，如图4-2所示。

图 4-2

3 插画的分类

插画的种类繁多，可以分为出版物插图、商业宣传插画、卡通吉祥物插画、影视与游戏美术设计插画、艺术创作类插画等，如图4-3所示。

图 4-3

任务 4.1　绘制风景插画

绘制风景插画

4.1.1　任务引入

插画具有直观的形象、强烈的感染力，已被广泛应用于现代设计的多个领域。本任务要求读者绘制一幅风景插画，要求插画内容贴合主题，表现出大自然的生机。

4.1.2　设计理念

画面中夕阳西下，晚霞映红了天边，给人无限的遐想，绚烂的云彩为这夕阳美景增添了几分神秘的气息。树影婆娑的山林和远处若隐若现的山峰相互呼应，为画面增添了几分生机，给人带来美的感受。最终效果参看云盘中的"Ch04 > 效果 > 4.1- 绘制风景插画"文件，如图 4-4 所示。

图 4-4

4.1.3　任务知识：颜色与渐变填充

❶ "填色"和"描边"按钮

应用工具箱中的"填色"和"描边"按键 ，可以指定所选对象的填充颜色和描边颜色。单击 按钮（快捷键为 X），可以切换填色显示框和描边显示框的位置。按 Shift+X 组合键，可使选择对象的颜色在填充颜色和描边颜色之间切换。

在"填色"和"描边"按钮 下面有 3 个按钮 ，它们分别是"颜色"按钮、"渐变"按钮和"无"按钮。

❷ "颜色"面板

Illustrator通过"颜色"面板设置对象的填充颜色。单击"颜色"面板右上方的▤按钮，在弹出的下拉列表中选择颜色模式。无论选择哪一种颜色模式，"颜色"面板中都将显示出相关的颜色内容，如图4-5所示。

图4-5

选择"窗口 > 颜色"命令，弹出"颜色"面板。"颜色"面板上的▣按钮用来进行填充颜色和描边颜色之间的互相切换，其作用与工具箱中▣按钮的作用相同。

将鼠标指针移动到取色区域，鼠标指针变为吸管形状，单击就可以选择颜色。拖曳各个颜色滑块或在各个数值框中输入有效的数值，可以设置出更精确的颜色，如图4-6所示。

更改或设置对象的描边颜色时，选择已有的对象，在"颜色"面板中切换到描边颜色▣，选择或设置新颜色，这时新选的颜色将被应用到当前选择对象的描边中，如图4-7所示。

图4-6

图4-7

❸ "色板"面板

选择"窗口 > 色板"命令，弹出"色板"面板，在"色板"面板中单击需要的颜色或样本，可以将其选择，如图4-8所示。

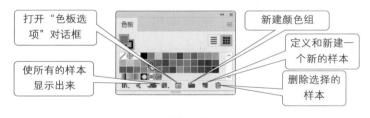

图4-8

绘制一个图形，单击"填色"按钮▣，如图4-9所示。选择"窗口 > 色板"命令，弹出"色板"面板，在"色板"面板中单击需要的颜色或图案，对图形内部进行填充，效果如图4-10所示。

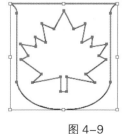

图4-9

图4-10

选择"窗口 > 色板库"命令，可以调出更多的色板库。如果引入外部色板库，增选的多个色板库都将显示在"色板"面板中。

④ 创建渐变填充

绘制一个图形，如图 4-11 所示。单击工具箱下部的"渐变"按钮▢，对图形进行渐变填充，效果如图 4-12 所示。选择"渐变"工具▣，在图形中需要的位置单击设置渐变的起点，按住鼠标左键拖曳，再次单击确定渐变的终点，如图 4-13 所示，渐变填充的效果如图 4-14 所示。

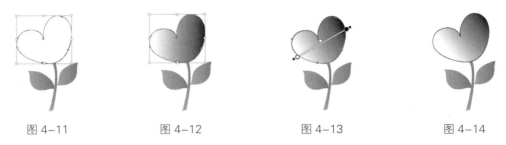

图 4-11　　　　　图 4-12　　　　　图 4-13　　　　　图 4-14

在"色板"面板中单击需要的渐变样本，对图形进行渐变填充，效果如图 4-15 所示。

图 4-15

⑤ "渐变"面板

在"渐变"面板中可以设置渐变属性，可选择"线性"或"径向"渐变，设置渐变的起始、中间和终止颜色，还可以设置渐变的位置和角度。

选择"窗口 > 渐变"命令，弹出"渐变"面板，如图 4-16 所示。"类型"选项组中包括"线性渐变""径向渐变""任意形状渐变"按钮。

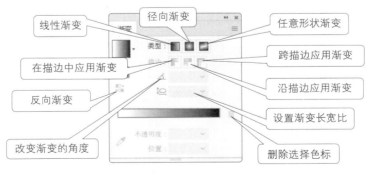

图 4-16

在"角度"数值框中显示当前的渐变角度，如图 4-17 所示，重新输入数值后按 Enter 键，可以改变渐变的角度，如图 4-18 所示。

单击"渐变"面板下面的颜色滑块，在"位置"数值框中显示出该滑块在渐变颜色中的百分比，如图4-19所示，拖曳滑块改变该颜色的位置，将改变颜色的渐变梯度，如图4-20所示。

图4-17　　　　　　　图4-18　　　　　　　图4-19　　　　　　　图4-20

在色谱条下侧单击，可以添加一个颜色滑块，如图4-21所示，在"颜色"面板中设置颜色，如图4-22所示，可以改变添加的颜色滑块的颜色，如图4-23所示。按住颜色滑块将其拖曳到"渐变"面板外，可以直接删除该颜色滑块。

双击色谱条上的颜色滑块，弹出"颜色"面板，从中可以快速选择所需的颜色。

图4-21　　　　　　　　图4-22　　　　　　　　图4-23

❻ 渐变填充的样式

◎ 线性渐变填充

线性渐变填充是一种比较常用的渐变填充方式，通过"渐变"面板，可以精确地指定线性渐变的起始和终止颜色，还可以调整渐变方向。通过调整中心点的位置，可以生成不同的颜色渐变效果。

选择绘制好的图形，如图4-24所示。双击"渐变"工具 ▥ 或选择"窗口 > 渐变"命令（组合键为 Ctrl+F9），弹出"渐变"面板。在"渐变"面板色谱条中，显示默认的从白色到黑色的线性渐变样式，如图4-25所示。在"渐变"面板"类型"选项组中，单击"线性渐变"按钮 ▥，如图4-26所示，图形将被线性渐变填充，效果如图4-27所示。

图4-24　　　　　　　图4-25　　　　　　　图4-26　　　　　　　图4-27

单击"渐变"面板中的起始颜色滑块◎，如图 4-28 所示，在"颜色"面板中设置所需的颜色，设置渐变的起始颜色。单击终止颜色滑块●，如图 4-29 所示，设置渐变的终止颜色，如图 4-30 所示，图形的线性渐变填充效果如图 4-31 所示。

图 4-28　　　　　　　　图 4-29　　　　　　　　图 4-30　　　　　　　　图 4-31

拖动色谱条上边的控制滑块，可以改变颜色的渐变位置，如图 4-32 所示。"位置"数值框中的数值也会随之发生变化，设置"位置"数值框中的数值也可以改变颜色的渐变位置，图形的线性渐变填充效果也将改变，效果如图 4-33 所示。

图 4-32　　　　　　　　　　　　　　　　　图 4-33

如果要改变颜色渐变的方向，选择"渐变"工具█后直接在图形中拖曳即可。当需要精确地改变渐变方向时，可通过"渐变"面板中的"角度"选项来控制图形的渐变方向。

◎ 径向渐变填充

径向渐变填充是 Illustrator CC 2019 的另一种渐变填充类型，与线性渐变填充不同，它是从起始颜色开始以圆的形式向外发散，逐渐过渡到终止颜色。它的起始颜色和终止颜色，以及渐变填充中心点的位置都是可以改变的。使用径向渐变填充可以生成多种渐变填充效果。

选择绘制好的图形，如图 4-34 所示。双击"渐变"工具█或选择"窗口 > 渐变"命令（组合键为 Ctrl+F9），弹出"渐变"面板。在"渐变"面板色谱条中显示默认的从白色到黑色的线性渐变样式，如图 4-35 所示。在"渐变"面板"类型"选项组中单击"径向渐变"按钮█，如图 4-36 所示，图形将被径向渐变填充，效果如图 4-37 所示。

图 4-34　　　　　　　　图 4-35　　　　　　　　图 4-36　　　　　　　　图 4-37

单击"渐变"面板中的起始颜色滑块◎或终止颜色滑块◉，在"颜色"面板中设置颜色，可改变图形的渐变颜色，效果如图 4-38 所示。拖动色谱条上边的控制滑块，可以改变颜色的中心渐变位置，效果如图 4-39 所示。使用"渐变"工具▣绘制，可改变径向渐变的中心位置，效果如图 4-40 所示。

图 4-38　　　　　　　　　　图 4-39　　　　　　　　　　图 4-40

◎ 任意形状渐变填充

使用任意形状渐变可以在某个形状内使色标形成逐渐过渡的混合，可以是有序混合，也可以是随意混合，以使混合效果看起来平滑、自然。

选择绘制好的图形，如图 4-41 所示。双击"渐变"工具▣或选择"窗口 > 渐变"命令（组合键为 Ctrl+F9），弹出"渐变"面板。在"渐变"面板色谱条中显示默认的从白色到黑色的线性渐变样式，如图 4-42 所示。在"渐变"面板"类型"选项组中单击"任意形状渐变"按钮▣，如图 4-43 所示，图形将被任意形状渐变填充，效果如图 4-44 所示。

图 4-41　　　　　　图 4-42　　　　　　　　　　图 4-43　　　　　　　图 4-44

在"绘制"选项组中选择"点"单选项，可以在图形中创建单独点形式的色标，如图 4-45 所示；选择"线"单选项，可以在图形中创建直线段形式的色标，如图 4-46 所示。

图 4-45　　　　　　　　　　　　　　　　图 4-46

将鼠标指针放置在线段上，鼠标指针变为图标，如图 4-47 所示，单击可以添加一个色标，如图 4-48 所示。在"颜色"面板中设置颜色，即可改变图形的渐变颜色，如图 4-49 所示。

在对象中单击，按住鼠标左键拖曳色标，可以移动色标位置，如图 4-50 所示。在"渐变"面板"色标"选项组中单击"删除色标"按钮🗑，可以删除选择的色标，如图 4-51 所示。

图 4-47   图 4-48   图 4-49   图 4-50   图 4-51

在"点"模式下，"扩展"选项被激活，此时可以设置色标周围的环形区域。默认情况下，色标扩展幅度的取值范围为 0% ～ 100%。

4.1.4 任务实施

（1）按 Ctrl+O 组合键，打开云盘中的"Ch04 > 素材 > 4.1- 绘制风景插画 > 01"文件，如图 4-52 所示。选择"选择"工具▶，选择背景矩形。双击"渐变"工具▧，弹出"渐变"面板，单击"线性渐变"按钮▦，在色谱条上设置两个渐变滑块。分别将渐变滑块的位置设置为 0、100，并设置 R、G、B 的值分别为 0（255、234、179）、100（235、108、40），其他选项的设置如图 4-53 所示。图形被填充为渐变色，设置描边颜色为无，效果如图 4-54 所示。

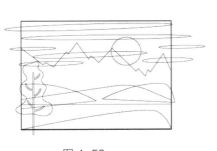      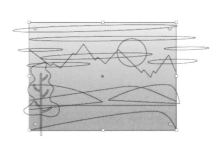

图 4-52   图 4-53   图 4-54

（2）选择"选择"工具▶，选择山峰图形，在"渐变"面板中单击"线性渐变"按钮▦，在色谱条上设置两个渐变滑块。分别将渐变滑块的位置设置为 0、100，并设置 R、G、B 的值分别为 0（235、189、26）、100（255、234、179），其他选项的设置如图 4-55 所示。图形被填充为渐变色，设置描边颜色为无，效果如图 4-56 所示。

   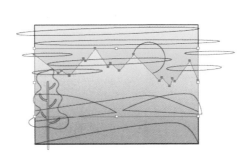

图 4-55   图 4-56

（3）选择"选择"工具▶️，选择土丘图形，在"渐变"面板中单击"线性渐变"按钮◼️，在色谱条上设置两个渐变滑块。分别将渐变滑块的位置设置为10、100，并设置R、G、B的值分别为10（108、216、157）、100（50、127、123），其他选项的设置如图4-57所示。图形被填充为渐变色，设置描边颜色为无，效果如图4-58所示。用相同的方法分别给其他图形填充相应的渐变色，效果如图4-59所示。

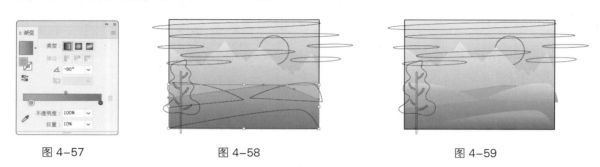

图 4-57　　　　　　　　　　图 4-58　　　　　　　　　　图 4-59

（4）选择"编组选择"工具▷️，选择树叶图形，如图4-60所示，在"渐变"面板中。单击"线性渐变"按钮◼️，在色谱条上设置两个渐变滑块。分别将渐变滑块的位置设置为8、86，并设置R、G、B的值分别为8（11、67、74）、86（122、255、191），其他选项的设置如图4-61所示。图形被填充为渐变色，设置描边颜色为无，效果如图4-62所示。

图 4-60　　　　　　　　　　图 4-61　　　　　　　　　　图 4-62

（5）选择"编组选择"工具▷️，选择树干图形，如图4-63所示。选择"窗口 > 颜色"命令，在弹出的"颜色"面板中进行设置，如图4-64所示。按 Enter 键确定操作，效果如图4-65所示。

图 4-63　　　　　　　　　　图 4-64　　　　　　　　　　图 4-65

（6）选择"选择"工具▶️，选择树木图形，按住 Alt 键，向右拖曳图形到适当的位置，复制图形，调整其大小，效果如图4-66所示。按Ctrl+ [组合键，将图形后移一层，效果如图4-67所示。

（7）选择"编组选择"工具　，选择小树干图形，在"渐变"面板中，单击"线性渐变"按钮　，在色谱条上设置两个渐变滑块。分别将渐变滑块的位置设置为0、100，并设置R、G、B的值分别为0（85、224、187）、100（255、234、179），其他选项的设置如图4-68所示。图形被填充为渐变色，设置描边颜色为无，效果如图4-69所示。

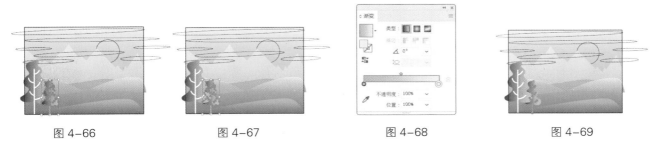

　　图 4-66　　　　　　　　图 4-67　　　　　　　　图 4-68　　　　　　　　图 4-69

（8）用相同的方法分别复制其他图形并调整其大小和排序，效果如图4-70所示。选择"选择"工具　，按住 Shift 键，依次选择云彩图形，填充图形为白色，设置描边颜色为无，效果如图4-71所示。在工具属性栏中将"不透明度"设置为20%，按 Enter 键确定操作，效果如图4-72所示。

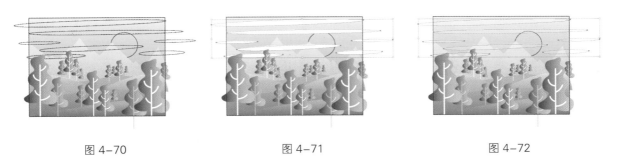

　　　图 4-70　　　　　　　　　　图 4-71　　　　　　　　　　图 4-72

（9）选择"选择"工具　，选择太阳图形，填充图形为白色，设置描边颜色为无，效果如图4-73所示。在工具属性栏中将"不透明度"设置为80%，按 Enter 键确定操作，效果如图4-74所示。

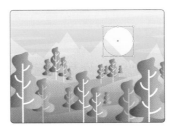

　　　　图 4-73　　　　　　　　　　　　图 4-74

（10）选择"网格"工具　，在圆形中心位置单击，添加网格点，如图4-75所示。设置网格点颜色为浅黄色（255、246、127），填充网格，效果如图4-76所示。选择"选择"工具　，在页面空白处单击，取消选择状态，效果如图4-77所示。至此，风景插画绘制完成。

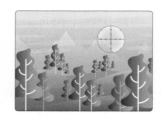

图 4-75　　　　　　　　　　图 4-76　　　　　　　　　　图 4-77

4.1.5　扩展实践：绘制轮船插画

使用"椭圆"工具 、"矩形"工具 ▣、"直接选择"工具 ▷、"变换"面板和"路径查找器"命令绘制船体；使用"椭圆"工具 ◯、"缩放"命令、"直线段"工具 ╱、"旋转"工具 ↻ 和"路径查找器"命令绘制救生圈；使用"矩形"工具 ▣、"变换"面板、"圆角矩形"工具 ▢ 和"填色"按钮绘制烟囱、栏杆和船舱。最终效果参看云盘中的"Ch04 > 效果 > 4.1-绘制轮船插画"文件，如图 4-78 所示。

图 4-78

任务 4.2　绘制许愿灯插画

4.2.1　任务引入

本任务要求读者为儿童图书绘制许愿灯插画，要求画面充满童趣。

4.2.2　设计理念

插画以朦胧的夜景作为背景，星星点点飘向远方的许愿灯点亮了夜空，也带去了美好的祈愿，产生了视觉引导效果；漫天的星光点缀画面的同时显得活泼、俏皮，人物和动物的处理使画面饱满，同时也为画面增添情趣。最终效果参看云盘中的"Ch04 > 效果 > 4.2-绘制许愿灯插画"文件，如图 4-79 所示。

图 4-79

4.2.3　任务知识：符号与手绘工具

1　"符号"面板

符号是一种存储在"符号"面板中并且在一个插图中可以多次重复使用的对象。

Illustrator 提供了"符号"面板，专门用来创建、存储和编辑符号。

当需要在一个插图中多次制作同样的对象，并需要对对象进行多次类似的编辑操作时，可以使用符号来完成，这样可以大大提高效率、节省时间。例如，在一个网站设计中多次应用到一个按钮的图样，这时就可以将这个按钮的图样定义为符号，这样可以对按钮符号进行多次重复使用。利用"符号"面板中的相应工具可以对符号进行各种编辑操作。默认的"符号"面板如图 4-80 所示。

在插图中如果应用了符号集合，那么当选择符号时，会把整个符号集合同时选中。此时，被选择的符号集合只能被移动，不能被编辑。例如，图 4-81 所示为应用到插图中的符号与符号集合。

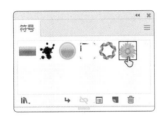

图 4-80

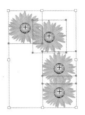

图 4-81

提示　　Illustrator 中的各种对象，如图形、文本对象、复合路径、渐变网格等均可以被定义为符号。

"符号"面板具有创建、编辑和存储符号的功能。在"符号"面板中有以下 6 个按钮。

- "符号库菜单"按钮 🖿：单击该按钮，可以打开包括多种符号的符号库选择调用。
- "置入符号实例"按钮 ↳：单击该按钮，可以将当前选择的一个符号放置在页面的中心。
- "断开符号链接"按钮 ⊗：单击该按钮，可以将添加到插图中的符号与"符号"面板断开链接。
- "符号选项"按钮 🗊：单击该按钮，可以打开"符号选项"对话框，并进行设置。
- "新建符号"按钮 ⬚：单击该按钮，可以将选择的要定义为符号的对象添加到"符号"面板中作为符号。
- "删除符号"按钮 🗑：单击该按钮，可以删除"符号"面板中被选择的符号。

❷ 创建和应用符号

◎ 创建符号

单击"新建符号"按钮 ⬚，可以将选择的要定义为符号的对象添加到"符号"面板中作为符号。

将选择的对象直接拖曳到"符号"面板中，弹出"符号选项"对话框，单击"确定"按钮，可以创建符号，如图 4-82 所示。

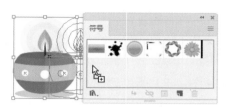

图 4-82

◎ 应用符号

在"符号"面板中选择需要的符号，直接将其拖曳到当前插图中，将创建一个符号对象，如图 4-83 所示。

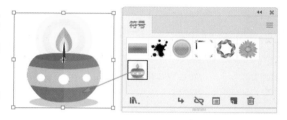

使用"符号喷枪"工具 🗔 可以同时创建多个符号对象，还可以将它们作为一个符号集合。

图 4-83

❸ 使用符号工具

Illustrator CC 2019 工具箱中提供了 8 个符号工具。

- "符号喷枪"工具 🗔：创建符号集合，可以将"符号"面板中的符号对象应用到插图中。
- "符号移位器"工具 🔧：移动符号范例。
- "符号紧缩器"工具 🔧：对符号范例进行缩紧变形。
- "符号缩放器"工具 🔧：对符号范例进行放大操作，按住 Alt 键可以对符号范例进行缩小操作。
- "符号旋转器"工具 🔄：对符号范例进行旋转操作。
- "符号着色器"工具 🔧：使用当前颜色为符号范例填色。
- "符号滤色器"工具 🔧：增加符号范例的透明度，按住 Alt 键可以减小符号范例的透明度。
- "符号样式器"工具 🔧：将当前样式应用到符号范例中。

下面设置符号工具的属性。双击任意一个符号工具，将弹出"符号工具选项"对话框，如图 4-84 所示。

- "直径"数值框：设置笔刷直径的数值，这时的笔刷指的是选择符号工具后，鼠标指针的形状。
- "强度"数值框：设置拖曳鼠标指针时，符号随鼠标指针变化的速度，数值越大被操作的符号范例变化越快。

图 4-84

- "符号组密度"数值框：设置符号集合中包含符号的密度，数值越大符号集合所包含的符号范例的数目就越多。

- "显示画笔大小和强度"复选框：勾选该复选框，在使用符号工具时可以看到笔刷，不勾选该复选框则隐藏笔刷。

下面使用符号工具绘制符号。

选择"符号喷枪"工具，鼠标指针将变成一个中间有喷壶的圆形选框，如图4-85所示。在"符号"面板中选择一种需要的符号对象，如图4-86所示。

按住鼠标左键不放并拖曳，沿着拖曳的轨迹喷射出多个符号，这些符号将组成一个符号集合，效果如图4-87所示。

图4-85

图4-86

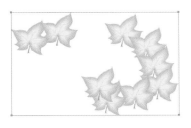

图4-87

选择"选择"工具，选择符号集合。选择"符号移位器"工具，将鼠标指针移到要移动的符号上，按住鼠标左键并拖曳，在圆形选框之中的符号将随其移动，效果如图4-88所示。

选择"选择"工具选择符号集合。选择"符号紧缩器"工具，将鼠标指针移到要使用"符号紧缩器"工具的符号上，按住鼠标左键并拖曳，符号集合被紧缩，效果如图4-89所示。

选择"选择"工具，选择符号集合。选择"符号缩放器"工具，将鼠标指针移到要调整的符号上，按住鼠标左键并拖曳，在圆形选框之中的符号将变大，效果如图4-90所示，按住Alt键可缩小符号。

图4-88

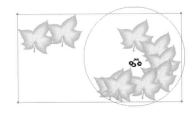

图4-89

图4-90

选择"选择"工具，选择符号集合。选择"符号旋转器"工具，将鼠标指针移到要旋转的符号上，按住鼠标左键并拖曳，在圆形选框之中的符号将发生旋转，效果如图4-91所示。

在"色板"面板或"颜色"面板中设置一种颜色作为当前色，选择"选择"工具，选择符号集合。选择"符号着色器"工具，将鼠标指针移到要填充颜色的符号上，按住鼠标左键并拖曳，在圆形选框之中的符号将被填充当前颜色，效果如图4-92所示。

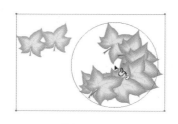

图 4-91　　　　　　　　　　　　　　　　　　　　　图 4-92

选择"选择"工具 ▶，选择符号集合。选择"符号滤色器"工具 ，将鼠标指针移到要改变透明度的符号上，按住鼠标左键并拖曳，在圆形选框之中的符号的透明度将增大，效果如图 4-93 所示，按住 Alt 键可以减小符号的透明度。

选择"选择"工具 ▶，选择符号集合。选择"符号样式器"工具 ，在"图形样式"面板中选择一种样式，将鼠标指针移到要改变样式的符号范例上，按住鼠标左键并拖曳，在圆形选框之中的符号将改变样式，如图 4-94 所示。

选择"选择"工具 ▶，选择符号集合。选择"符号喷枪"工具 ，按住 Alt 键和鼠标左键，在要删除的符号上拖曳鼠标指针，圆形选框经过的区域中的符号将被删除，效果如图 4-95 所示。

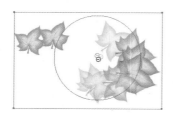
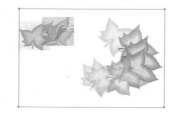

图 4-93　　　　　　　　　　图 4-94　　　　　　　　　　图 4-95

④ 使用"铅笔"工具

使用"铅笔"工具 可以随意绘制出自由的曲线路径，在绘制过程中 Illustrator CC 2019 会自动依据鼠标指针的轨迹来设置锚点并生成路径。"铅笔"工具既可以用于绘制闭合路径，又可以用于绘制开放路径，还可以用于将已经存在的曲线的锚点作为起点，延伸绘制出新的曲线，从而达到修改曲线的目的。

选择"铅笔"工具 ，在需要的位置单击，按住鼠标左键，拖曳鼠标指针到需要的位置，可以绘制一条路径，如图 4-96 所示。释放鼠标左键，绘制出的效果如图 4-97 所示。

选择"铅笔"工具 ，在需要的位置单击，按住 Alt 键和鼠标左键，拖曳鼠标指针到需要的位置，如图 4-98 所示。释放鼠标左键，可以绘制一条闭合的曲线，效果如图 4-99 所示。

图 4-96　　　　　　　图 4-97　　　　　　　　　图 4-98　　　　　　　　　图 4-99

绘制一个闭合的图形，选择这个图形，选择"铅笔"工具 ，在闭合图形上的两个锚点之间拖曳，如图 4-100 所示，可以修改图形的形状。释放鼠标左键，得到的图形效果如图 4-101 所示。

图 4-100　　　　　　　　　　　图 4-101

双击"铅笔"工具 ，弹出"铅笔工具选项"对话框，如图 4-102 所示。

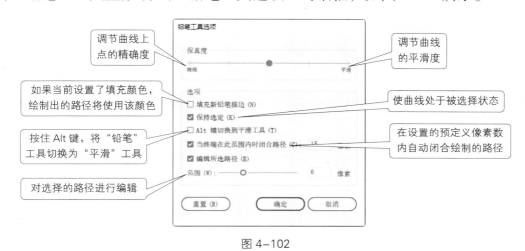

图 4-102

❺ 使用"画笔"工具

使用"画笔"工具 可以绘制出样式繁多的精美线条和图形，还可以调节不同的刷头以达到不同的绘制效果。利用不同的画笔样式可以绘制出风格迥异的图像。

选择"画笔"工具 ，选择"窗口 > 画笔"命令，弹出"画笔"面板，如图 4-103 所示。在"画笔"面板中选择任意一种画笔样式，在需要的位置单击，按住鼠标左键，向右拖曳鼠标指针进行线条的绘制。释放鼠标左键，线条绘制完成，效果如图 4-104 所示。

图 4-103　　　　　　　　　　　图 4-104

选择绘制的线条，如图 4-105 所示，选择"窗口 > 描边"命令，弹出"描边"面板。在"描边"面板中的"粗细"下拉列表中选择需要的描边大小，如图 4-106 所示，线条的效果如图 4-107 所示。

图 4-105　　　　　　　　　图 4-106　　　　　　　　　图 4-107

双击"画笔"工具 ✐，弹出"画笔工具选项"对话框，如图 4-108 所示。"画笔工具选项"对话框与"铅笔工具选项"对话框的功能一致，这里不再赘述。

❻ 使用"画笔"面板

选择"窗口 > 画笔"命令，弹出"画笔"面板。在"画笔"面板中包含许多工具，下面进行详细讲解。

◎ 画笔类型

Illustrator CC 2019 包括 5 种类型的画笔：散点画笔、书法画笔、毛刷画笔、图案画笔、艺术画笔。

• 散点画笔

单击"画笔"面板右上角的 ≡ 按钮，在弹出的下拉列表中，"显示散点画笔"命令默认为灰色，选择"打开画笔库"命令，如图 4-109 所示。选择任意一种散点画笔，弹出相应的面板，如图 4-110 所示。在面板中单击画笔，画笔就被加载到"画笔"面板中，如图 4-111 所示。选择任意一种散点画笔，选择"画笔"工具 ✐，在页面区域中连续单击或拖曳鼠标指针，就可以绘制出需要的图像，效果如图 4-112 所示。

图 4-108

图 4-109

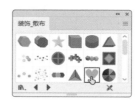

图 4-110

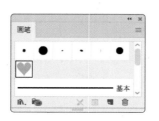

图 4-111

图 4-112

- 书法画笔

在默认状态下，书法画笔为显示状态。"画笔"面板的第1排为书法画笔，如图4-113所示。选择任意一种书法画笔，选择"画笔"工具 ，在需要的位置单击，按住鼠标左键，拖曳鼠标指针进行线条的绘制，释放鼠标左键，线条绘制完成，效果如图4-114所示。

- 毛刷画笔

在默认状态下，毛刷画笔为显示状态。"画笔"面板的第3排为毛刷画笔，如图4-115所示。选择任意一种毛刷画笔，选择"画笔"工具 ，在需要的位置单击，按住鼠标左键，拖曳鼠标指针进行线条的绘制，释放鼠标左键，线条绘制完成，效果如图4-116所示。

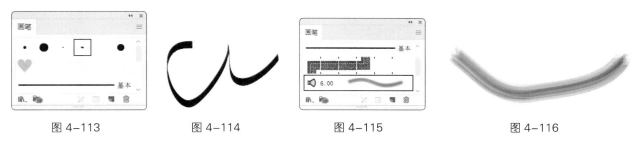

图4-113　　　　　　图4-114　　　　　　图4-115　　　　　　图4-116

- 图案画笔

单击"画笔"面板右上角的 按钮，在弹出的下拉列表中，"显示图案画笔"命令默认为灰色，选择"打开画笔库"命令，选择任意一种图案画笔，弹出相应的面板，如图4-117所示。在面板中单击画笔，画笔被加载到"画笔"面板中，如图4-118所示。选择任意一种图案画笔，选择"画笔"工具 ，在页面区域中连续单击或拖曳鼠标指针，就可以绘制出需要的图像，效果如图4-119所示。

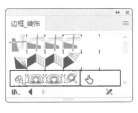

图4-117　　　　　　　　图4-118　　　　　　　　图4-119

- 艺术画笔

在默认状态下，艺术画笔为显示状态。"画笔"面板的第2排以下为艺术画笔，如图4-120所示。选择任意一种艺术画笔，选择"画笔"工具 ，在需要的位置单击，按住鼠标左键，拖曳鼠标指针进行线条的绘制，释放鼠标左键，线条绘制完成，效果如图4-121所示。

图4-120

图4-121

◎ 更改画笔类型

选择想要更改画笔类型的图像，如图 4-122 所示，在"画笔"面板中单击需要的画笔样式，如图 4-123 所示，更改画笔样式后的图像效果如图 4-124 所示。

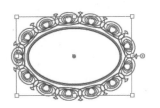
图 4-122

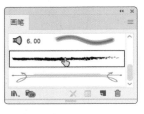
图 4-123

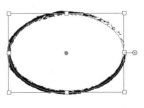
图 4-124

◎ "画笔"面板的按钮

"画笔"面板中有 4 个按钮，如图 4-125 所示，从左到右依次是"移去画笔描边"按钮 ✕、"所选对象的选项"按钮 ▤、"新建画笔"按钮 ◳ 和"删除画笔"按钮 🗑 。

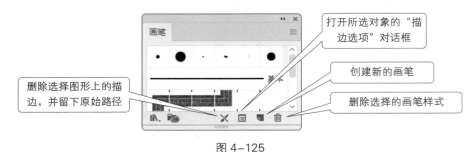
图 4-125

4.2.4 任务实施

（1）按 Ctrl+O 组合键，打开云盘中的"Ch04 > 素材 > 4.2- 绘制许愿灯插画 > 01"文件，效果如图 4-126 所示。

（2）选择"钢笔"工具 ✎ ，在页面区域外绘制一个不规则图形，如图 4-127 所示。设置填充颜色为橙色（239、124、19），填充图形，设置描边颜色为无，效果如图 4-128 所示。

图 4-126

图 4-127

图 4-128

（3）选择"钢笔"工具 ✎ ，在适当的位置绘制不规则图形，效果如图 4-129 所示。选择"选择"工具 ▶ ，选择需要的图形，设置填充颜色为淡红色（189、55、0），填充图形，设置描边颜色为无，效果如图 4-130 所示。

（4）选择需要的图形，设置填充颜色为深红色（227、66、0），填充图形，设置描边颜色为无，效果如图 4-131 所示。在工具属性栏中将"不透明度"设置为 50%，按 Enter 键确定操作，效果如图 4-132 所示。

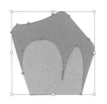

图 4-129　　　　　图 4-130　　　　　图 4-131　　　　　图 4-132

（5）选择"椭圆"工具，在适当的位置绘制一个椭圆形，效果如图 4-133 所示。选择"直接选择"工具，选择椭圆形下方的锚点，向上拖曳锚点到适当的位置，效果如图 4-134 所示。选择左侧的锚点，拖曳下方的控制手柄，调整椭圆形的弧度，效果如图 4-135 所示。用相同的方法调整右侧锚点，效果如图 4-136 所示。

（6）选择"选择"工具，选择图形，设置填充颜色为橘黄色（251、183、39），填充图形，设置描边颜色为无，效果如图 4-137 所示。选择"椭圆"工具，在适当的位置绘制一个椭圆形，效果如图 4-138 所示。

图 4-133　　　图 4-134　　　图 4-135　　　图 4-136　　　图 4-137　　　图 4-138

（7）选择"选择"工具，选择下方橘黄色图形。按 Ctrl+C 组合键复制图形，按 Ctrl+F 组合键将复制的图形粘贴在前面，如图 4-139 所示。按住 Shift 键，单击上方椭圆形将其同时选择，如图 4-140 所示。

（8）选择"窗口 > 路径查找器"命令，弹出"路径查找器"面板，单击"交集"按钮，如图 4-141 所示，生成新的对象，效果如图 4-142 所示。

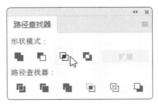

图 4-139　　　　图 4-140　　　　　图 4-141　　　　　图 4-142

（9）保持图形选择状态，设置填充颜色为深红色（227、66、0），填充图形，设置描边颜色为无，效果如图 4-143 所示。在工具属性栏中将"不透明度"设置为 50%，按 Enter 键确定操作，效果如图 4-144 所示。用相同的方法制作其他图形，为其填充相应的颜色，效果如图 4-145 所示。

图 4-143　　　　　　　　　图 4-144　　　　　　　　　　　图 4-145

（10）选择"椭圆"工具 ，在适当的位置绘制一个椭圆形，效果如图 4-146 所示。双击"渐变"工具 ，弹出"渐变"面板，单击"径向渐变"按钮 ，在色谱条上设置两个渐变滑块。分别将渐变滑块的位置设置为 0、100，并设置 R、G、B 的值分别为 0（255、255、0）、100（251、176、59），将上方控制滑块的"位置"设置为 31%，其他选项的设置如图 4-147 所示。图形被填充为渐变色，设置描边颜色为无，效果如图 4-148 所示。

图 4-146　　　　　　　　　图 4-147　　　　　　　　　　　图 4-148

（11）选择"选择"工具 ，用框选的方法将所绘制的图形同时选择，按 Ctrl+G 组合键将其编组，如图 4-149 所示。选择"窗口 > 变换"命令，弹出"变换"面板，将"旋转"设置为 9°，如图 4-150 所示，按 Enter 键确定操作，效果如图 4-151 所示。

图 4-149　　　　　　　　　图 4-150　　　　　　　　　　　图 4-151

（12）选择"窗口 > 符号"命令，弹出"符号"面板，将选择的许愿灯拖曳到"符号"面板中，如图 4-152 所示，弹出"符号选项"对话框，设置如图 4-153 所示，单击"确定"按钮，创建符号，如图 4-154 所示。

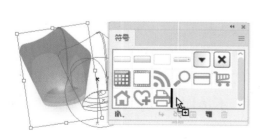

图 4-152　　　　　　　　　图 4-153　　　　　　　　　　　图 4-154

（13）选择"符号喷枪"工具 ，在页面区域中拖曳鼠标指针绘制多个许愿灯符号，效果如图 4-155 所示。分别选择"符号缩放器"工具 、"符号旋转器"工具 和"符号滤色器"工具 ⊙，调整符号大小、旋转角度及透明度，效果如图 4-156 所示。至此，许愿灯插画绘制完成，效果如图 4-157 所示。

图 4-155　　　　　　图 4-156　　　　　　图 4-157

4.2.5 扩展实践：绘制超市插画

绘制超市插画1　　绘制超市插画2

使用"矩形"工具 □、"变换"面板、"圆角矩形"工具 □、"剪切蒙版"命令和"填色"按钮绘制超市房屋；使用"矩形"工具 □、"镜像"工具 ◁▶、"描边"面板、"剪切蒙版"命令绘制广告牌；使用"文字"工具 T、"字符"面板添加超市名称；使用"矩形"工具 □、"变换"面板和"填色"按钮绘制遮阳伞。最终效果参看云盘中的"Ch04 > 效果 > 4.2- 绘制超市插画"文件，效果如图 4-158 所示。

图 4-158

任务 4.3　项目演练——绘制休闲卡通插画

绘制休闲卡通插画

4.3.1 任务引入

《休闲生活》杂志是一本包括居家生活、家居设计、生活妙招、宠物喂养、休闲旅游和健康养生等栏目的生活类杂志。本任务要求读者为休闲旅游栏目绘制一副休闲卡通插画，要求主题为野外烧烤，体现出轻松、悠闲之感。

4.3.2 设计理念

插画中，蓝天、白云与草地、树木相互映衬，给人舒适、宁静的感觉；生动的烧烤用具，在增加画面活泼感的同时，营造出热闹、活跃的气氛，形成动静结合的画面，从而使人产生向往之情。最终效果参看云盘中的"Ch04 > 效果 > 4.3- 绘制休闲卡通插画"文件，如图 4-159 所示。

图 4-159

项目5

制作宣传广告
——海报设计

05

海报设计是视觉设计最主要的表现形式之一，应用了图形、文字、版面、色彩等设计元素，其主题内容广泛、表现形式丰富、最终效果出色。通过本项目的学习，读者可以掌握海报的设计方法和制作技巧。

学习引导

知识目标

- 了解海报的概念
- 掌握海报的分类和设计原则

能力目标

- 熟悉海报的设计思路和过程
- 掌握海报的制作方法和技巧

素养目标

- 培养对海报的设计创意能力
- 培养对海报的审美与鉴赏能力

实训项目

- 制作设计作品展海报
- 制作促销海报

相关知识：海报设计基础

❶ 海报的概念

海报也称"招贴"，是广告的表现形式之一，用来完成一定的信息传播任务。海报经常以印刷品的形式张贴在公共场合，也会以数字化的形式在数字媒体上展示，如图 5-1 所示。

图 5-1

❷ 海报的分类

海报按其用途不同大致可以分为商业海报、文化海报和公益海报等，如图 5-2 所示。

图 5-2

❸ 海报的设计原则

海报设计应该遵循一定的设计原则，包括强烈的视觉表现、精准的信息传播、独特的设计个性、悦目的美学效果，如图 5-3 所示。

图 5-3

任务 5.1　制作设计作品展海报

5.1.1　任务引入

红枫当代艺术馆是一家举办各类展览的艺术馆，现当代优秀海报设计作品展即将在此开展，本任务要求读者为此次活动制作一张宣传海报，要求体现出浓郁的艺术气息及别具一格的创意。

5.1.2　设计理念

海报使用纯色作为背景，突出了设计主体；经过艺术处理的文字风格强烈，动感十足，增加了海报的艺术性；海报整体体现了艺术行业灵动、融合、创造的特点，层次分明，令观众印象深刻。最终效果参看云盘中的"Ch05 > 效果 > 5.1- 制作设计作品展海报"文件，如图 5-4 所示。

图 5-4

5.1.3　任务知识："混合"工具

❶ 混合效果的使用

使用"混合"工具可以对整个图形、部分路径或控制点进行混合。对象混合后，中间各级路径上的点的数量、位置及点之间线段的性质取决于起始对象和终点对象上点的数目，同时还取决于在每个路径上指定的特定点。

◎ 创建混合对象

• 应用"混合"工具创建混合对象。

选择"选择"工具 ▶️，选择要进行混合的两个对象，如图5-5所示。选择"混合"工具 🐷，单击要混合的起始对象，如图5-6所示。

在另一个要混合的对象上单击，将它设置为目标对象，如图5-7所示，混合对象效果如图5-8所示。

图5-5　　　　　　　　图5-6　　图5-7　　　　　　图5-8

• 应用"混合"命令创建混合对象。

选择"选择"工具 ▶️，选择要进行混合的对象。选择"对象 > 混合 > 建立"命令（组合键为Alt+Ctrl+B），绘制出混合对象。

◎ 创建混合路径

选择"选择"工具 ▶️，选择要进行混合的对象，如图5-9所示。选择"混合"工具 🐷，单击要混合的起始路径上的某一锚点，鼠标指针变为实心，如图5-10所示。单击另一个要混合的对象路径上的某一锚点，将它设置为目标路径，如图5-11所示。

图5-9　　　　　　　　　　图5-10　　　　图5-11

绘制出混合路径，效果如图5-12所示。

 提示　　在起始路径和目标路径上单击的锚点不同，所得到的混合效果也不同。

◎ 混合其他对象

选择"混合"工具 🐷，单击混合路径中最后一个混合对象路径上的锚点，如图5-13所示。

图5-12　　　　　　　　　　图5-13

单击想要添加的其他对象路径上的锚点，如图5-14所示。混合对象后的效果如图5-15所示。

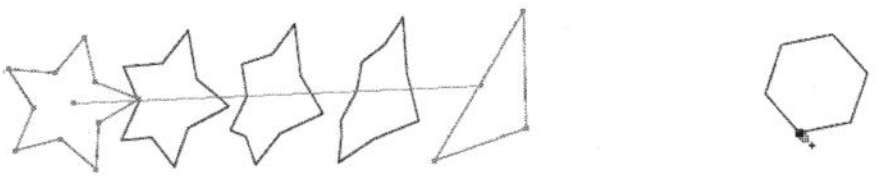

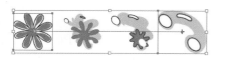

图 5-14

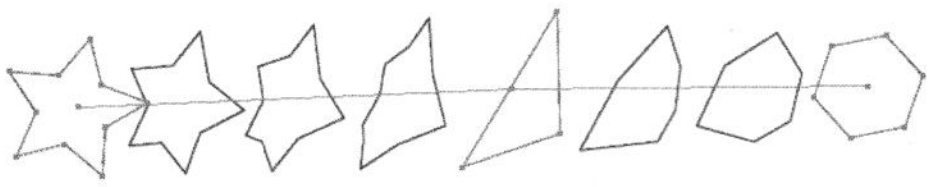

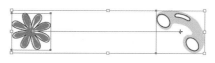

图 5-15

◎ 释放混合对象

选择"选择"工具 ▶，选择一组混合对象，如图 5-16 所示。选择"对象 > 混合 > 释放"命令（组合键为 Alt+Shift+Ctrl+B），释放混合对象，效果如图 5-17 所示。

图 5-16

图 5-17

◎ 使用"混合选项"对话框

选择"选择"工具 ▶，选择要进行混合的对象，如图 5-18 所示。选择"对象 > 混合 > 混合选项"命令，弹出"混合选项"对话框，在对话框的"间距"下拉列表中选择"平滑颜色"选项，可以使混合的颜色保持平滑，如图 5-19 所示。

图 5-18

图 5-19

在对话框的"间距"下拉列表中选择"指定的步数"选项，可以设置混合对象的步骤数，如图 5-20 所示。在对话框的"间距"下拉列表中选择"指定的距离"选项，可以设置混合对象间的距离，如图 5-21 所示。

图 5-20

图 5-21

在对话框的"取向"选项组中有两个选项可以选择："对齐页面"选项和"对齐路径"选项，如图 5-22 所示。分别设置每个选项后，单击"确定"按钮。选择"对象 > 混合 > 建立"命令，将对象混合，效果如图 5-23 所示。

图 5-22

图 5-23

❷ 混合的形状

使用"混合"命令可以将一种形状变形成另一种形状。

◎ 多个对象的混合变形

选择"钢笔"工具 🖊，在页面上绘制 4 个形状不同的对象，如图 5-24 所示。

选择"混合"工具 🖿，单击第 1 个对象，然后按照顺时针的方向依次单击每个对象，这样每个对象都被混合了，效果如图 5-25 所示。

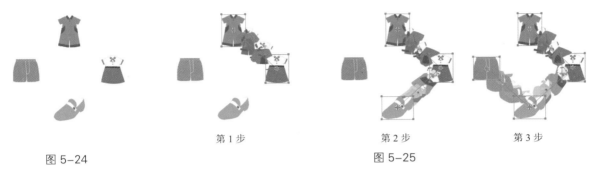

第1步　　　　　　　　　　第2步　　　　　　　　第3步

图 5-24　　　　　　　　　　　　　　　图 5-25

◎ 绘制立体效果

选择"钢笔"工具 🖊，在页面区域中绘制灯笼的上底、下底和边缘线，如图 5-26 所示。选择灯笼的左右两条边缘线，如图 5-27 所示。

选择"对象 > 混合 > 混合选项"命令，弹出"混合选项"对话框，在"间距"下拉列表框中选择"指定的步数"选项，设置"指定的步数"为 4，在"取向"选项组中选择"对齐页面"选项，如图 5-28 所示，单击"确定"按钮。选择"对象 > 混合 > 建立"命令，灯笼上面的立体竹竿即绘制完成，如图 5-29 所示。

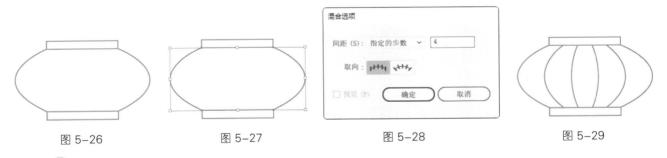

图 5-26　　　　　　图 5-27　　　　　　　　图 5-28　　　　　　　　图 5-29

❸ 编辑混合路径

在制作混合对象之前，需要修改混合选项的设置，否则系统将采用默认的设置建立混合对象。

混合得到的对象由混合路径相连接，自动创建的混合路径默认是直线，如图 5-30 所示，可以编辑这条混合路径。编辑混合路径可以添加、减少控制点，以及扭曲混合路径，也可将直角控制点转换为曲线控制点。

图 5-30

选择"对象 > 混合 > 混合选项"命令，弹出"混合选项"对话框，在"间距"选项组中包括 3 个选项，如图 5-31 所示。

- "平滑颜色"选项：按进行混合的两个对象的颜色和形状来确定混合的步数，是默认的选项，效果如图 5-32 所示。

图 5-31　　　　　　　　　　　　图 5-32

- "指定的步数"选项：控制混合的步数。当将"指定的步数"设置为 2 时，效果如图 5-33 所示；当将"指定的步数"设置为 7 时，效果如图 5-34 所示。

图 5-33　　　　　　　　　　　　图 5-34

- "指定的距离"选项：控制每一步混合的距离。当将"指定的距离"设置为 25 时，效果如图 5-35 所示；当将"指定的距离"设置为 2 时，效果如图 5-36 所示。

图 5-35　　　　　　　　　　　　图 5-36

如果想要将混合对象与存在的路径结合，可同时选择混合对象和外部路径，选择"对象 > 混合 > 替换混合轴"命令，替换混合对象中的混合路径，混合前后的效果对比如图 5-37 和图 5-38 所示。

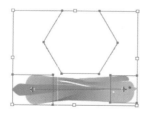

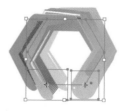

图 5-37　　　　　　　　　　　　图 5-38

❹ 操作混合对象

◎ 改变混合对象的堆叠顺序

选择混合对象，选择"对象 > 混合 > 反向堆叠"命令，混合对象的堆叠顺序将被改变，改变前后的效果对比如图 5-39 和图 5-40 所示。

图 5-39　　　　　　　　　　　　　　　　　　图 5-40

◎ 打散混合对象

选择混合对象，选择"对象 > 混合 > 扩展"命令，混合对象将被打散，打散前后的效果对比如图 5-41 和图 5-42 所示。

图 5-41　　　　　　　　　　　　　　　　　　图 5-42

5.1.4　任务实施

（1）按 Ctrl+N 组合键，弹出"新建文档"对话框，设置文档的宽度为 1080 px，高度为 1440 px，取向为竖向，颜色模式为 RGB，单击"创建"按钮，新建一个文档。

（2）选择"矩形"工具 □，绘制一个与页面大小相等的矩形，设置填充颜色为粉色（244、201、198），填充图形，设置描边颜色为无，效果如图 5-43 所示。按 Ctrl+2 组合键，锁定所选对象。

（3）选择"文字"工具 T，在页面中输入需要的文字，选择"选择"工具 ▶，在属性栏中选择合适的字体并设置文字大小，效果如图 5-44 所示。

（4）保持文字选择状态。设置填充颜色为肉色（236、193、188），填充文字；设置描边颜色为红色（230、0、18），填充文字描边，效果如图 5-45 所示。

图 5-43　　　　图 5-44

（5）在工具属性栏中将描边粗细设置为 5 pt，按 Enter 键确定操作，效果如图 5-46 所示。按 Shift+Ctrl+O 组合键，将文字转换为轮廓，效果如图 5-47 所示。

（6）选择"选择"工具 ▶，按住 Alt 键，向左下角拖曳文字到适当的位置，复制文字，效果如图 5-48 所示。按住 Shift 键，拖曳右上角的控制点，等比例缩小文字，效果如图 5-49 所示。

图 5-45　　　　图 5-46　　　　图 5-47　　　　图 5-48　　　　图 5-49

（7）用相同的方法复制其他文字并调整其大小，效果如图5-50所示。选择"混合"工具 ，单击第一个文字"D"，如图5-51所示，将其设置为起始对象。单击第2个文字"D"，生成混合效果，如图5-52所示。

图 5-50　　　　　　　　　图 5-51　　　　　　　　　图 5-52

（8）单击第三个文字"D"，生成混合效果，如图5-53所示。单击第四个文字"D"，生成混合效果，如图5-54所示。

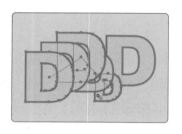

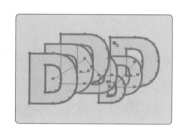

图 5-53　　　　　　　　　　　　　　图 5-54

（9）双击"混合"工具 ，弹出"混合选项"对话框，选项设置如图5-55所示，单击"确定"按钮，效果如图5-56所示。

（10）选择"选择"工具 ▶，选择混合对象，选择"对象 > 混合 > 扩展"命令，打散混合对象，如图5-57所示。按 Shift+Ctrl+G 组合键，取消图形编组。

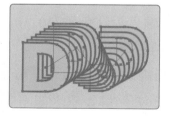

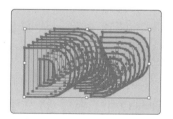

图 5-55　　　　　　　　　图 5-56　　　　　　　　　图 5-57

（11）选择第一个文字"D"，如图5-58所示，按 Shift+X 组合键，互换填色和描边的颜色，如图5-59所示，设置描边颜色为无，效果如图5-60所示。

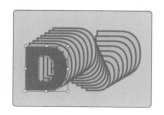

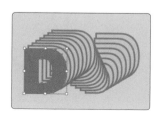

图 5-58　　　　　　　　　图 5-59　　　　　　　　　图 5-60

（12）选择最后一个文字"D"，如图 5-61 所示，按 Ctrl+C 组合键复制文字，按 Ctrl+B 组合键将复制的文字粘贴在后面。向右下角拖曳文字到适当的位置，并调整其大小，效果如图 5-62 所示。按住 Shift 键单击原文字将其同时选择，如图 5-63 所示。

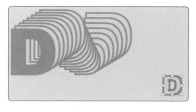
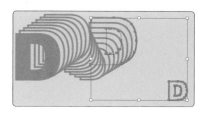

图 5-61 　　　　　　　　　　　图 5-62 　　　　　　　　　　　图 5-63

（13）双击"混合"工具 ，在弹出的"混合选项"对话框中进行设置，如图 5-64 所示，单击"确定"按钮。按 Alt+Ctrl+B 组合键，生成混合效果，如图 5-65 所示。

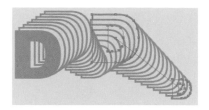

图 5-64 　　　　　　　　　　　　　　图 5-65

（14）用相同的方法制作其他文字混合效果，如图 5-66 所示。按 Ctrl+O 组合键，打开云盘中的"Ch05 > 素材 > 5.1- 制作设计作品展海报 > 01"文件，选择"选择"工具 ，选择需要的图形，按 Ctrl+C 组合键复制图形。选择正在编辑的页面，按 Ctrl+V 组合键将其粘贴到页面中，拖曳复制的图形到适当的位置，效果如图 5-67 所示。至此，设计作品展海报制作完成，效果如图 5-68 所示。

图 5-66 　　　　　　　　　　　图 5-67 　　　　　　　　　　　图 5-68

5.1.5 扩展实践：制作店庆海报

使用"矩形"工具 、"钢笔"工具 、"旋转"工具 和"透明度"面板制作背景效果；使用"文字"工具 、"字符"面板、"复制"命令和"填色"按钮添加标题文字；使用"文字"工具 、"字符"面板、"段落"面板和"椭圆"工具 添加其他相关信息；使用"矩形"

工具 、"倾斜"工具 ⟍ 绘制装饰图形。最终效果参看云盘中的"Ch05 > 效果 > 5.1- 制作店庆海报"文件，如图 5-69 所示。

微课视频　　　　微课视频

制作店庆海报1　　制作店庆海报2

图 5-69

任务 5.2　制作促销海报

微课视频

制作促销海报

5.2.1　任务引入

晒潮流是为广大年轻消费者提供服饰销售及售后服务的平台。本任务要求读者在"双 11"来临之际为该平台设计一张宣传海报，要求突出展现本次活动的优惠力度。

5.2.2　设计理念

海报以蓝紫色的渐变图案和装饰图形叠加，形成热闹的氛围；立体化的文字直观醒目，突出宣传主题，表现活动特色，瞬间吸引人们的视线；海报整体色彩富有朝气，给人青春洋溢的感觉。最终效果参看云盘中的"Ch05 > 效果 > 5.2- 制作促销海报"文件，如图 5-70 所示。

图 5-70

5.2.3　任务知识："封套扭曲"命令和"模糊"效果组

❶ 创建封套

当需要使用封套来改变对象的形状时，可以使用应用程序所预设的封套图形，或者使用"网格"工具 ▦ 调整对象，还可以使用自定义图形作为封套。但是，该图形必须处于所有对象的最上层。

◎ 从应用程序预设的形状创建封套

选择对象，选择"对象 > 封套扭曲 > 用变形建立"命令（组合键为 Alt+Shift+Ctrl+W），弹出"变形选项"对话框，如图 5-71 所示。

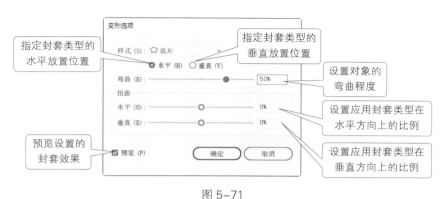

图 5-71

在"样式"下拉列表中提供了 15 种封套类型，如图 5-72 所示，可根据需要选择。设置完成后，单击"确定"按钮，将设置好的封套应用到选择的对象中，图形应用封套前后的对比效果如图 5-73 所示。

图 5-72

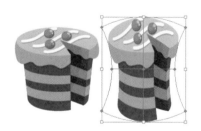

图 5-73

◎ 使用网格建立封套

选择对象，选择"对象 > 封套扭曲 > 用网格建立"命令（组合键为 Alt+Ctrl+M），弹出"封套网格"对话框，如图 5-74 所示。设置完成后，单击"确定"按钮，设置完成的网格封套将应用到选择的对象中，如图 5-75 所示。

设置完成的网格封套还可以通过"网格"工具 进行编辑。选择"网格"工具 ，单击网格封套对象，即可增加对象上的网格数，如图 5-76 所示。按住 Alt 键，单击对象上的网格点和网格线，可以减少网格封套的行数和列数。使用"网格"工具 拖曳网格点可以改变对象的形状，如图 5-77 所示。

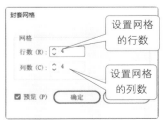

图 5-74

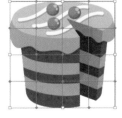

图 5-75

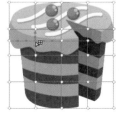

图 5-76

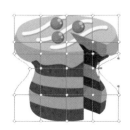

图 5-77

◎ 使用路径建立封套

同时选择对象和想要用来作为封套的路径（这时封套路径必须处于所有对象的最上层），如图 5-78 所示。选择"对象 > 封套扭曲 > 用顶层对象建立"命令（组合键为 Alt+Ctrl+C），使用路径创建的封套效果如图 5-79 所示。

图 5-78

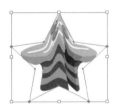
图 5-79

② **编辑封套**

用户可以对创建的封套进行编辑。由于创建的封套是和对象组合在一起的，因此既可以单独编辑封套，也可以单独编辑对象，但是两者不能同时编辑。

◎ 编辑封套形状

选择"选择"工具 ▶，选择一个含有对象的封套。选择"对象 > 封套扭曲 > 用变形重置 / 用网格重置"命令，弹出"变形选项"对话框或"重置封套网格选项"对话框，这时可以根据需要重新设置封套类型，效果如图 5-80 和图 5-81 所示。

使用"直接选择"工具 ▷ 或"网格"工具 ▦ 可以拖曳封套上的锚点进行编辑。还可以使用"变形"工具 ◧ 对封套进行扭曲变形，效果如图 5-82 所示。

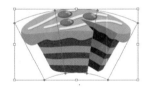
图 5-80

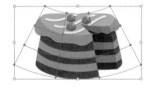
图 5-81

图 5-82

◎ 编辑封套内的对象

选择"选择"工具 ▶，选择含有封套的对象，如图 5-83 所示。选择"对象 > 封套扭曲 > 编辑内容"命令（组合键为 Shift+Ctrl+V），对象将会显示原来的选择框，如图 5-84 所示。这时在"图层"面板中的封套图层左侧将显示一个小三角形，这表示可以修改封套中的内容，如图 5-85 所示。

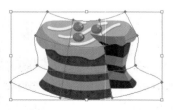
图 5-83

图 5-84

图 5-85

❸ "模糊"效果组

使用"模糊"效果组可以削弱相邻像素之间的对比度，使图像达到柔化的效果，如图 5-86 所示。

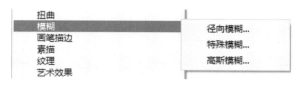

图 5-86

◎ "径向模糊"效果

使用"径向模糊"效果可以使图像产生旋转或运动的效果，模糊的中心位置可以任意调整。

选择图像，如图 5-87 所示。选择"效果 > 模糊 > 径向模糊"命令，在弹出的"径向模糊"对话框中进行设置，如图 5-88 所示，单击"确定"按钮，效果如图 5-89 所示。

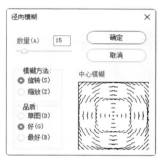

图 5-87　　　　　　　　图 5-88　　　　　　　　图 5-89

◎ "特殊模糊"效果

使用"特殊模糊"效果可以使图像背景产生模糊效果，常用来制作柔化效果。

选择图像，如图 5-90 所示。选择"效果 > 模糊 > 特殊模糊"命令，在弹出的"特殊模糊"对话框中进行设置，如图 5-91 所示，单击"确定"按钮，效果如图 5-92 所示。

图 5-90　　　　　　　　图 5-91　　　　　　　　图 5-92

◎ "高斯模糊"效果

使用"高斯模糊"效果可以使图像变得柔和、效果模糊，常用来制作倒影或投影效果。

选择图像，如图 5-93 所示。选择"效果 > 模糊 > 高斯模糊"命令，在弹出的"高斯模糊"对话框中进行设置，如图 5-94 所示，单击"确定"按钮，效果如图 5-95 所示。

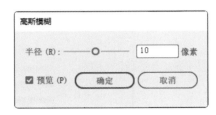

图 5-93   图 5-94   图 5-95

5.2.4 任务实施

（1）按 Ctrl+O 组合键，打开云盘中的"Ch05 > 素材 > 5.2- 制作促销海报 > 01"文件，效果如图 5-96 所示。

（2）选择"文字"工具 T，在页面区域中分别输入需要的文字。选择"选择"工具 ▶，在工具属性栏中分别选择合适的字体并设置文字大小，填充文字为白色，效果如图 5-97 所示。

（3）选择文字"双 11"，按 Ctrl+T 组合键，弹出"字符"面板。将"水平缩放" T 设置为 106%，其他选项的设置如图 5-98 所示。按 Enter 键确定操作，效果如图 5-99 所示。

图 5-96   图 5-97   图 5-98   图 5-99

（4）选择"文字"工具 T，在文字"11"中间单击插入光标，如图 5-100 所示。在"字符"面板中，将"设置两个字符间的字距微调" VA 设置为 -70，其他选项的设置如图 5-101 所示。按 Enter 键确定操作，效果如图 5-102 所示。

图 5-100   图 5-101   图 5-102

（5）选择"选择"工具 ▶，用框选的方法将输入的文字同时选择，如图 5-103 所示。选择"对象 > 封套扭曲 > 用变形建立"命令，在弹出的"变形选项"对话框中进行设置，如图 5-104 所示。单击"确定"按钮，文字的变形效果如图 5-105 所示。

图 5-103 　　　　　　　　图 5-104 　　　　　　　　图 5-105

（6）按 Ctrl+C 组合键复制文字，按 Ctrl+B 组合键将复制的文字粘贴在后面。选择"对象 > 扩展"命令，弹出"扩展"对话框，如图 5-106 所示。单击"确定"按钮，扩展图形，并将其微调至适当的位置，效果如图 5-107 所示。

（7）双击"渐变"工具■，弹出"渐变"面板，单击"线性渐变"按钮■，在色谱条上设置两个渐变滑块。分别将渐变滑块的位置设置为 0、28、67、89、100，并设置 C、M、Y、K 的值分别为 0（0、0、86、0）、28（0、22、100、0）、67（0、52、84、0）、89（2、73、84、0）、100（2、91、83、0），其他选项的设置如图 5-108 所示。图形被填充为渐变色，效果如图 5-109 所示。

图 5-106 　　　　图 5-107 　　　　图 5-108 　　　　图 5-109

（8）选择"效果 > 模糊 > 高斯模糊"命令，在弹出的对话框中进行设置，如图 5-110 所示，单击"确定"按钮，效果如图 5-111 所示。

（9）选择"文字"工具T，在适当的位置输入需要的文字。选择"选择"工具▶，在属性栏中选择合适的字体并设置文字大小，填充文字为白色，效果如图 5-112 所示。

图 5-110 　　　　　　　　图 5-111 　　　　　　　　图 5-112

（10）选择"圆角矩形"工具 ，在页面区域中单击，弹出"圆角矩形"对话框，选项设置如图5-113所示，单击"确定"按钮，出现一个圆角矩形。选择"选择"工具 ▶，拖曳圆角矩形到适当的位置，效果如图5-114所示。设置图形填充颜色为土黄色（4、25、74、0），填充图形，设置描边颜色为无，效果如图5-115所示。

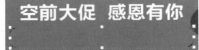

图 5-113　　　　　　　　图 5-114　　　　　　　　图 5-115

（11）选择"圆角矩形"工具 ，在页面区域中单击，弹出"圆角矩形"对话框，选项设置如图5-116所示，单击"确定"按钮，出现一个圆角矩形。选择"选择"工具 ▶，拖曳圆角矩形到适当的位置，设置图形描边颜色为土黄色（4、25、74、0），填充描边，效果如图5-117所示。

图 5-116　　　　　　　　　　图 5-117

（12）选择"窗口 > 描边"命令，弹出"描边"面板，勾选"虚线"复选框，各选项的设置如图5-118所示。按Enter键确定操作，效果如图5-119所示。

（13）选择"文字"工具 T，在适当的位置分别输入需要的文字。选择"选择"工具 ▶，在工具属性栏中分别选择合适的字体并设置文字大小，调整适当的字距，为其填充相应的颜色，效果如图5-120所示。至此，促销海报制作完成。

图 5-118　　　　　　　　图 5-119　　　　　　　　图 5-120

5.2.5 扩展实践：制作音乐节海报

使用"添加锚点"工具 和"锚点"工具 添加并编辑锚点；使用"极坐标网格"工具 、"渐变"工具 、"用网格建立"命令和"直接选择"工具 制作装饰图形；使用"矩形"工具 、"用变形建立"命令制作琴键。最终效果参看云盘中的"Ch05 > 效果 > 5.2- 制作音乐节海报"文件，如图 5-121 所示。

图 5-121

微课视频

制作音乐节海报

任务 5.3 项目演练——制作手机海报

微课视频

制作手机海报

5.3.1 任务引入

米心手机专营店是一家手机专卖店。该手机店推出了手机促销活动，需要制作针对网店的宣传广告。本任务要求读者制作一款手机海报，要求能够体现出新款产品的特点和优惠力度。

5.3.2 设计理念

海报使用亮黄色作为宣传单的背景，缤纷的卡通图案使画面更加丰富、活泼；宣传字体进行了立体化的处理，使画面具有空间感；宣传单整体色彩丰富艳丽，能够快速吸引消费者的注意，达到宣传效果。最终效果参看云盘中的"Ch05 > 效果 > 5.3- 制作手机海报"文件，如图 5-122 所示。

图 5-122

项目6

制作电商广告
——Banner设计

06

Banner是帮助提高品牌转化的重要表现形式，直接影响到用户是否购买产品或参加活动，因此Banner设计对于产品销售乃至店铺运营至关重要。通过本项目的学习，读者可以掌握Banner的设计方法和制作技巧。

学习引导

知识目标
- 了解 Banner 的概念
- 掌握 Banner 的设计风格和版式构图

能力目标
- 熟悉 Banner 的设计思路和过程
- 掌握 Banner 的制作方法和技巧

素养目标
- 培养对 Banner 的设计创意能力
- 培养对 Banner 的审美与鉴赏能力

实训项目
- 制作汽车 Banner 广告
- 制作美妆类 App 的 Banner 广告

相关知识：Banner 设计基础

❶ Banner 的概念

Banner 是网络广告最常用的形式之一，用来宣传展示相关活动或产品，提高品牌转化率，常用于 Web 界面、App 界面或网页中，如图 6-1 所示。

图 6-1

❷ Banner 的设计风格

Banner 的设计风格丰富多样，有传统风格、极简风格、插画风格、写实风格、2.5D 风格、3D 风格等，如图 6-2 所示。

图 6-2

❸ Banner 的版式构图

Banner 的版式构图比较丰富，常用的有左右构图、上下构图、左中右构图、上中下构图、对角线构图、十字形构图和包围形构图等，如图 6-3 所示。

图 6-3

任务 6.1　制作汽车 Banner 广告

6.1.1　任务引入

凌酷汽车以高质量、高性能闻名，目前凌酷汽车推出一款新型跑车，本任务要求读者为其制作汽车 Banner 广告，要求设计主题明确，展现产品特色和品牌品质。

6.1.2　设计理念

Banner 以灰色调作为背景，衬托出产品低调奢华的特点；耀眼的色彩使画面具有空间感，标题文字设计具有创意，色彩协调，丰富了画面的空间效果；标题文字和图片结合，突出了广告主体。最终效果参看云盘中的"Ch06 > 效果 > 6.1-制作汽车 Banner 广告"文件，如图 6-4 所示。

图 6-4

6.1.3　任务知识："直线"工具和"锚点"工具

❶ 绘制直线

◎ 拖曳鼠标指针绘制直线

选择"直线段"工具 ，在需要的位置单击并按住鼠标左键，拖曳鼠标指针到需要的位置，释放鼠标左键，可绘制出一条任意角度的斜线，效果如图 6-5 所示。

选择"直线段"工具 ，在需要的位置单击，按住 Shift 键和鼠标左键，拖鼠标指针标到需要的位置，释放鼠标左键，可绘制出水平、垂直或45°角及其倍数的直线，效果如图 6-6 所示。

选择"直线段"工具 ，在需要的位置单击，按住 Alt 键和鼠标左键，拖曳鼠标指针到需要的位置，释放鼠标左键，可绘制出以鼠标单击点为中心的直线（由单击点向两边扩展）。

选择"直线段"工具 ，在需要的位置单击，按住～键和鼠标左键，拖曳鼠标指针到需要的位置，释放鼠标左键，可绘制出多条直线（系统自动设置），效果如图 6-7 所示。

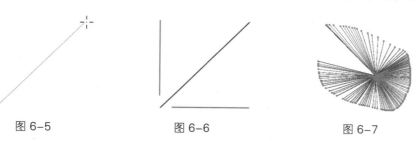

图 6-5　　　　　　　　　　图 6-6　　　　　　　　图 6-7

◎ 精确绘制直线

选择"直线段"工具，在需要的位置单击，或双击"直线段"工具，都将弹出"直线段工具选项"对话框，如图 6-8 所示。设置完成后，单击"确定"按钮，得到图 6-9 所示的直线。

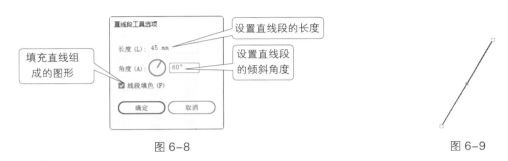

图 6-8　　　　　　　　　　　　　　　　　　图 6-9

❷ 绘制矩形网格

◎ 拖曳鼠标指针绘制矩形网格

选择"矩形网格"工具，在需要的位置单击并按住鼠标左键，拖曳鼠标指针到需要的位置，释放鼠标左键，可绘制出一个矩形网格，效果如图 6-10 所示。

选择"矩形网格"工具，在页面中需要的位置单击，按住 Shift 键和鼠标左键，拖曳鼠标指针到需要的位置，释放鼠标左键，可绘制出一个正方形网格，效果如图 6-11 所示。

选择"矩形网格"工具，在需要的位置单击，按住～键和鼠标左键，拖曳鼠标指针到需要的位置，释放鼠标左键，可绘制出多个矩形网格，效果如图 6-12 所示。

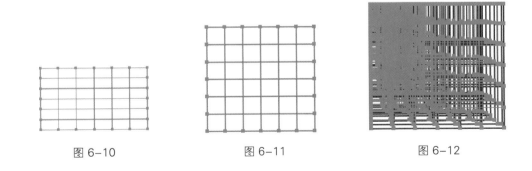

图 6-10　　　　　　　　图 6-11　　　　　　　　图 6-12

提示　　选择"矩形网格"工具，在需要的位置单击并按住鼠标左键，拖曳鼠标指针到需要的位置，按↑键可以增加矩形网格的行数，按↓键可以减少矩形网格的行数。

◎ 精确绘制矩形网格

选择"矩形网格"工具，在需要的位置单击，或双击"矩形网格"工具，都将弹出"矩形网格工具选项"对话框，如图 6-13 所示。设置完成后，单击"确定"按钮，得到图 6-14 所示的矩形网格。

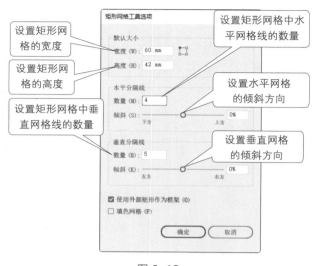

图 6-13

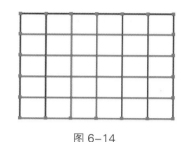

图 6-14

③ 使用"钢笔"工具

Illustrator CC 2019 中的"钢笔"工具 是一个非常重要的工具。使用"钢笔"工具 可以绘制直线、曲线和任意形状的路径，还可以对线段进行精确的调整。

◎ 绘制直线

选择"钢笔"工具 ，在页面区域中单击确定直线的起点，如图 6-15 所示。移动鼠标指针到需要的位置，再次单击确定直线的终点，如图 6-16 所示。

在需要的位置连续单击确定其他的锚点，就可以绘制出折线的效果，如图 6-17 所示。如果双击折线上的锚点，该锚点就会被删除，折线的另外两个锚点将自动连接，如图 6-18 所示。

图 6-15　　　　图 6-16　　　　　　图 6-17　　　　　　　　图 6-18

◎ 绘制曲线

选择"钢笔"工具 ，在页面区域中单击并按住鼠标左键，拖曳鼠标指针来确定曲线的起点。起点的两端分别出现了一条控制手柄，释放鼠标左键，如图 6-19 所示。

移动鼠标指针到需要的位置，再次单击并按住鼠标左键，拖曳鼠标指针，绘制第二个锚点，两个锚点之间出现了一条曲线段，如图 6-20 所示。同时，第二个锚点两端也出现了控制手柄，调整控制手柄，可以改变曲线段的形状。

如果连续单击并拖曳鼠标指针，则可以绘制出一些连续、平滑的曲线，如图 6-21 所示。

图 6-19　　　　　　　　图 6-20　　　　　　　　　　图 6-21

4　增加、删除、转换锚点

选择"钢笔"工具 ✐，按住鼠标左键，将展开钢笔工具组，如图6-22所示。

◎ 添加锚点

绘制一段路径，如图6-23所示。选择"添加锚点"工具 ✐，在路径上的任意位置单击，路径上就会增加一个新的锚点，如图6-24所示。

图6-22　　　　　　图6-23　　　　　　图6-24

◎ 删除锚点

绘制一段路径，如图6-25所示。选择"删除锚点"工具 ✐，在路径上的任意一个锚点上单击，该锚点就会被删除，如图6-26所示。

◎ 转换锚点

绘制一段闭合的星形路径，如图6-27所示。选择"锚点"工具 ↖，单击路径上的任意一个锚点，该锚点就会被转换，如图6-28所示。拖曳锚点可以编辑路径的形状，如图6-29所示。

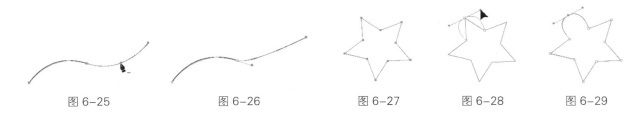

图6-25　　　　　图6-26　　　　　图6-27　　图6-28　　图6-29

6.1.4　任务实施

1　制作背景效果

（1）按Ctrl+N组合键，弹出"新建文档"对话框，设置文档的宽度为900 px，高度为500 px，取向为横向，颜色模式为RGB，单击"创建"按钮，新建一个文档。

（2）选择"文件 > 置入"命令，弹出"置入"对话框，选择云盘中的"Ch06 > 素材 > 6.1-制作汽车Banner广告 > 01"文件，单击"置入"按钮，在页面中单击以置入图片。单击工具属性栏中的"嵌入"按钮，嵌入图片。选择"选择"工具 ▶，拖曳图片到适当的位置，效果如图6-30所示。按Ctrl+2组合键，锁定所选对象。选择"矩形"工具 ▢，在适当的位置绘制一个矩形，效果如图6-31所示。

（3）选择"直接选择"工具 ▷，选择右下角的锚点，向左拖曳锚点到适当的位置，效果如图6-32所示。选择"添加锚点"工具 ✐，在矩形斜边适当的位置分别单击，添加两个锚点，效果如图 6-33 所示。

图 6-30　　　　　　　　　图 6-31　　　　　　　　　图 6-32　　　　　　　　　图 6-33

（4）选择"直接选择"工具，选择并向右拖曳锚点到适当的位置，效果如图 6-34 所示。用相同的方法调整另外一个锚点，效果如图 6-35 所示。

图 6-34　　　　　　　　　　　　　　　图 6-35

（5）选择"矩形"工具，在适当的位置绘制一个矩形，如图 6-36 所示。选择"钢笔"工具，在矩形右边中间的位置单击鼠标左键，添加一个锚点，如图 6-37 所示。分别在上下两端不需要的锚点上单击鼠标左键，删除锚点，效果如图 6-38 所示。

图 6-36　　　　　　　　　图 6-37　　　　　　　　　图 6-38

（6）选择"选择"工具，按住 Shift 键，单击下方图形将其同时选择，如图 6-39 所示。选择"窗口 > 路径查找器"命令，弹出"路径查找器"面板，单击"减去顶层"按钮，如图 6-40 所示，生成新的对象，效果如图 6-41 所示。

（7）保持图形选择状态。设置填充颜色为浅灰色（247、248、248），填充图形，设置描边颜色为无，效果如图 6-42 所示。

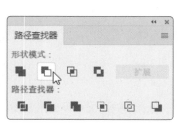

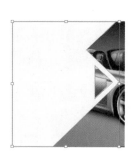

图 6-39　　　　　　　图 6-40　　　　　　　图 6-41　　　　　　　图 6-42

（8）选择"钢笔"工具 ✐，在适当的位置绘制一条折线，设置描边颜色为浅灰色（247、248、248），填充描边，如图 6-43 所示。在工具属性栏中将描边粗细设置为 3 pt，按 Enter键确定操作，效果如图 6-44 所示。

（9）选择"选择"工具 ▶，按住 Alt+Shift 组合键，水平向右拖曳折线到适当的位置，复制折线，效果如图 6-45 所示。连续按 Ctrl+D 组合键，再复制多条折线，效果如图 6-46 所示。

图 6-43　　　　　　　　图 6-44　　　　　　　　图 6-45　　　　　　　　图 6-46

（10）在工具属性栏中将描边粗细设置为 0.5 pt，按 Enter 键确定操作，效果如图 6-47 所示。用相同的方法设置其他折线的描边粗细，效果如图 6-48 所示。

图 6-47　　　　　　　　图 6-48

❷ 添加广告信息

（1）选择"文字"工具 T，在适当的位置输入需要的文字。选择"选择"工具 ▶，在工具属性栏中选择合适的字体并设置文字大小，效果如图 6-49 所示。选择"文字 > 创建轮廓"命令，将文字转换为轮廓，效果如图 6-50 所示。

图 6-49　　　　　　　　图 6-50

（2）双击"渐变"工具 ▣，弹出"渐变"面板，单击"线性渐变"按钮 ▣，在色谱条上设置两个渐变滑块。分别将渐变滑块的位置设置为 0、100，并设置 R、G、B 的值分别为 0（162、123、217）、100（61、74、185），其他选项的设置如图 6-51 所示。文字被填充为渐变色，设置描边颜色为无，效果如图 6-52 所示。

（3）选择"选择"工具 ▶，按 Ctrl+C 组合键复制文字，按 Ctrl+B 组合键将复制的文字粘贴在后面。按→键和↓键，微调复制的文字到适当的位置，效果如图 6-53 所示。按Shift+X 组合键，互换填色和描边的颜色，效果如图 6-54 所示。

图 6-51

图 6-52　　　　　　　图 6-53　　　　　　　图 6-54

（4）选择"文字"工具 T，在适当的位置分别输入需要的文字。选择"选择"工具 ▶，在工具属性栏中分别选择合适的字体并设置文字大小，效果如图 6-55 所示。将输入的文字同时选取，设置填充颜色为蓝色（61、74、185），填充文字，效果如图 6-56 所示。

（5）选择"文字"工具 T，选择英文"UPGRADE"，设置填充颜色为深蓝色（44、37、75），填充文字，效果如图 6-57 所示。

图 6-55

图 6-56

图 6-57

（6）选择"选择"工具 ▶，选择英文"EX……ON"，按 Ctrl+T 组合键，弹出"字符"面板。将"设置所选字符的字距调整" 🔠 设置为 -60，其他选项的设置如图 6-58 所示。按 Enter 键确定操作，效果如图 6-59 所示。

（7）按 Ctrl+C 组合键复制文字，按 Ctrl+B 组合键将复制的文字粘贴在后面。按→键和↓键，微调复制的图形到适当的位置，效果如图 6-60 所示。设置填充颜色为紫色（162、123、217），填充文字，效果如图 6-61 所示。

图 6-58

图 6-59

图 6-60

（8）选择"文字"工具 T，在适当的位置输入需要的文字。选择"选择"工具 ▶，在工具属性栏中选择合适的字体并设置文字大小。设置填充颜色为深蓝色（44、37、75），填充文字，效果如图 6-62 所示。

图 6-61

（9）在"字符"面板中，将"设置行距" 设置为 39 pt，其他选项的设置如图 6-63 所示。按 Enter 键确定操作，效果如图 6-64 所示。

图 6-62　　　　　　　　　　图 6-63　　　　　　　　　　图 6-64

（10）选择"矩形"工具 ，在适当的位置绘制一个矩形，效果如图 6-65 所示。选择"直接选择"工具 ，选择右下角的锚点，向左拖曳锚点到适当的位置，效果如图 6-66 所示。

（11）选择"吸管"工具 ，将鼠标指针放置在上方渐变文字上，如图 6-67 所示，单击吸取颜色，效果如图 6-68 所示。

（12）按 Ctrl+ [组合键，将图形后移一层，效果如图 6-69 所示。选择"文字"工具 ，选择文字"××4S店"，设置填充颜色为浅灰色（247、248、248），填充文字，效果如图 6-70 所示。

图 6-65　　　　　　　　　　图 6-66　　　　　　　　　　图 6-67

图 6-68　　　　　　　　　　图 6-69　　　　　　　　　　图 6-70

（13）选择"矩形网格"工具 ，在页面区域中单击，弹出"矩形网格工具选项"对话框，选项设置如图 6-71 所示。单击"确定"按钮，得到一个矩形网格。选择"选择"工具 ，拖曳矩形网格到适当的位置，设置描边颜色为浅灰色（247、248、248），填充描边，效果如图 6-72 所示。

（14）选择"编组选择"工具 ，选择需要的垂直网格线，水平向右拖曳到适当的位置，效果如图 6-73 所示。用相同的方法调整另一条垂直网格线，效果如图 6-74 所示。

（15）选择"文字"工具 ，在网格中分别输入需要的文字。选择"选择"工具 ，在工具属性栏中分别选择合适的字体并设置文字大小。将输入的文字同时选择，设置填充颜色为浅灰色（247、248、248），填充文字，如图 6-75 所示。

图 6-71

图 6-72

（16）选择"椭圆"工具 ⬭，按住 Shift 键在适当的位置绘制一个圆形，设置填充颜色为浅灰色（247、248、248），填充图形，设置描边颜色为无，效果如图 6-76 所示。

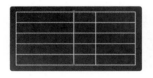

图 6-73

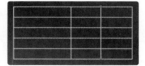

图 6-74

图 6-75

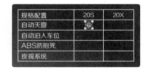

图 6-76

（17）选择"选择"工具 ▶，按住 Alt+Shift 组合键水平向右拖曳圆形到适当的位置，复制圆形，效果如图 6-77 所示。

（18）按住 Shift 键单击原图形将其同时选择，按住 Alt+Shift 组合键垂直向下拖曳圆形到适当的位置，复制圆形，效果如图 6-78 所示。连续两次按 Ctrl+D 组合键，复制出两组圆形，效果如图 6-79 所示。选择"选择"工具 ▶，按住 Shift 键选择不需要的圆形，如图 6-80 所示，按 Delete 键将其删除。

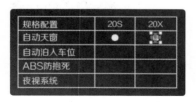

图 6-77

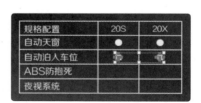

图 6-78

图 6-79

图 6-80

（19）选择"直线段"工具 ✏️，按住 Shift 键，在适当的位置绘制一条直线，设置描边颜色为浅灰色（247、248、248），填充描边，效果如图 6-81 所示。选择"选择"工具 ▶️，按住 Alt 键向左下角拖曳直线到适当的位置，复制直线，效果如图 6-82 所示。

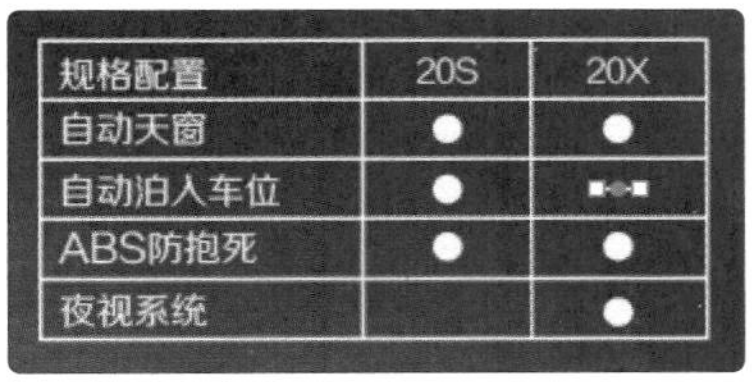

图 6-81

图 6-82

（20）选择"文字"工具 T，在适当的位置输入需要的文字。选择"选择"工具 ▶️，在工具属性栏中选择合适的字体并设置文字大小。设置填充颜色为浅灰色（247、248、248），填充文字，效果如图 6-83 所示。至此，汽车 Banner 广告制作完成，效果如图 6-84 所示。

图 6-83

图 6-84

微课视频

制作电商平台App
的Banner广告

6.1.5　扩展实践：制作电商平台 App 的 Banner 广告

使用"矩形"工具 ▢、"添加锚点"工具 ✒️、"直接选择"工具 ▷、"锚点"工具 ⌐、"渐变"工具 ▣ 和"置入"命令制作底图；使用"文字"工具 T、"圆角矩形"工具 ▢ 添加宣传性文字；使用"不透明度"选项制作半透明效果。最终效果参看云盘中的"Ch06 > 效果 > 6.1- 制作电商平台 App 的 Banner 广告"文件，如图 6-85 所示。

图 6-85

任务 6.2　制作美妆类 App 的 Banner 广告

微课视频

制作美妆类App
的Banner广告

6.2.1　任务引入

本任务要求读者为美妆类 App 制作 Banner 广告，要求设计主题围绕着活动信息，风格符合年轻人的喜好。

6.2.2　设计理念

Banner的背景使用黄色色调，使画面看起来充满活力，符合设计主题；广告主推产品的图片与文字简介占据画面主要位置，醒目突出；矢量元素的点缀为画面增添了趣味，符合年轻人的审美观。最终效果参看云盘中的"Ch06 > 效果 > 6.2-制作美妆类 App 的 Banner 广告"文件，如图 6-86 所示。

图 6-86

6.2.3　任务知识："风格化"效果组、"剪刀"工具

❶ "风格化"效果

使用"风格化"效果组可以快速地向图像添加内发光、投影等效果，如图 6-87 所示。

图 6-87

◎ "内发光"效果

可以在对象的内部创建发光的外观效果。选择要添加内发光效果的对象，如图 6-88 所示，选择"效果 > 风格化 > 内发光"命令，在弹出的"内发光"对话框中进行设置，如图 6-89 所示，单击"确定"按钮，对象的内发光效果如图 6-90 所示。

图 6-88　　　　　　　图 6-89　　　　　　　图 6-90

◎ "圆角"效果

可以为对象添加圆角效果。选择要添加圆角效果的对象，如图 6-91 所示，选择"效果 > 风格化 > 圆角"命令，在弹出的"圆角"对话框中进行设置，如图 6-92 所示，单击"确定"按钮，对象的圆角效果如图 6-93 所示。

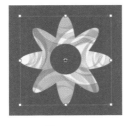

图 6-91　　　　　　　　　　　图 6-92　　　　　　　　　　　图 6-93

◎ "外发光"效果

可以在对象的外部创建发光的效果。选择要添加外发光效果的对象，如图 6-94 所示，选择"效果 > 风格化 > 外发光"命令，在弹出的"外发光"对话框中进行设置，如图 6-95 所示，单击"确定"按钮，对象的外发光效果如图 6-96 所示。

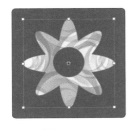

图 6-94　　　　　　　　　　　图 6-95　　　　　　　　　　　图 6-96

◎ "投影"效果

可以为对象添加投影效果。选择要添加投影效果的对象，如图 6-97 所示，选择"效果 > 风格化 > 投影"命令，在弹出的"投影"对话框中进行设置，如图 6-98 所示，单击"确定"按钮，对象的投影效果如图 6-99 所示。

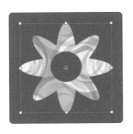

图 6-97　　　　　　　　　　　图 6-98　　　　　　　　　　　图 6-99

◎ "涂抹"效果

可以为对象添加涂抹效果，选择要添加涂抹效果的对象，如图 6-100 所示，选择"效果 > 风格化 > 涂抹"命令，在弹出的"涂抹选项"对话框中进行设置，如图 6-101 所示，单击"确定"按钮，对象的涂抹效果如图 6-102 所示。

◎ "羽化"效果

可以将对象的边缘从实心颜色逐渐过渡为无色。选择要添加羽化效果的对象，如图 6-103 所示，选择"效果 > 风格化 > 羽化"命令，在弹出的"羽化"对话框中进行设置，如图 6-104 所示，单击"确定"按钮，对象的羽化效果如图 6-105 所示。

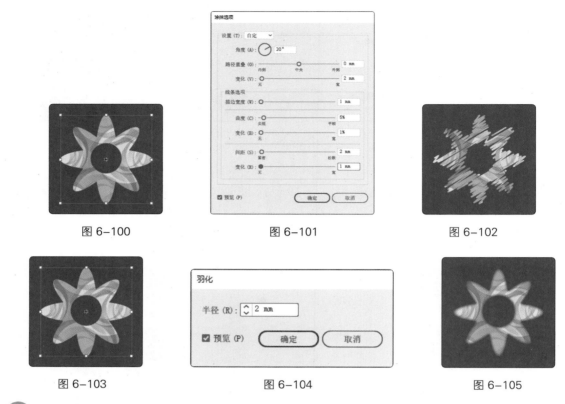

图 6-100　　　　　　　图 6-101　　　　　　　图 6-102

图 6-103　　　　　　　图 6-104　　　　　　　图 6-105

② 使用"剪刀"工具和"美工刀"工具

◎ "剪刀"工具

绘制一段路径，如图 6-106 所示。选择"剪刀"工具 ✂，单击路径上任意一点，路径就会从单击的地方被剪切为两条，如图 6-107 所示。按↓键，移动剪切的锚点，效果如图 6-108 所示。

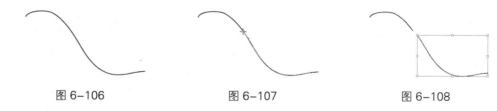

图 6-106　　　　　　　图 6-107　　　　　　　图 6-108

◎ "美工刀"工具

绘制一段闭合路径，如图 6-109 所示。选择"美工刀"工具 🔪，在需要的位置单击并按住鼠标左键，从路径的上方向下拖曳出一条线，如图 6-110 所示，释放鼠标左键，闭合路径被裁切为两条闭合路径，效果如图 6-111 所示。选择路径的右半部，按→键，移动路径，如图 6-112 所示。可以看见路径被裁切为两部分，效果如图 6-113 所示。

图 6-109　　　图 6-110　　　图 6-111　　　图 6-112　　　图 6-113

6.2.4　任务实施

（1）按 Ctrl+N 组合键，弹出"新建文档"对话框，设置文档的宽度为 750 px，高度为 360 px，取向为横向，颜色模式为 RGB，单击"创建"按钮，新建一个文档。

（2）选择"矩形"工具，绘制一个与页面大小相等的矩形，设置填充颜色为橘黄色（255、195、52），填充图形，设置描边颜色为无，效果如图 6-114 所示。

（3）选择"椭圆"工具，按住 Shift 键在适当的位置绘制一个圆形，填充图形为白色，设置描边颜色为无，效果如图 6-115 所示。

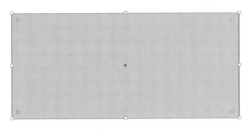
图 6-114

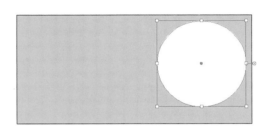
图 6-115

（4）按 Ctrl+C 组合键复制图形，按 Ctrl+F 组合键将复制的图形粘贴在前面。选择"直接选择"工具，按住 Shift 键依次单击需要的锚点，如图 6-116 所示。按 Delete 键删除选择的锚点及路径，效果如图 6-117 所示。填充描边颜色为黑色，效果如图 6-118 所示。

图 6-116

图 6-117

图 6-118

（5）选择"窗口 > 描边"命令，弹出"描边"面板。单击"端点"选项组中的"圆头端点"按钮，其他选项的设置如图 6-119 所示。按 Enter 键，效果如图 6-120 所示。

图 6-119

图 6-120

（6）选择"钢笔"工具，在适当的位置绘制一个不规则图形，如图 6-121 所示。设置填充颜色为浅黄色（255、220、31），填充图形，设置描边颜色为无，效果如图 6-122 所示。

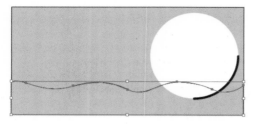

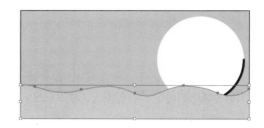

图 6-121　　　　　　　　　　　　　　　　　　图 6-122

（7）按 Ctrl+O 组合键，打开云盘中的"Ch06 > 素材 > 6.2- 制作美妆类 App 的 Banner 广告 > 01"文件。选择"选择"工具 ，选择需要的图形，按 Ctrl+C 组合键复制图形。回到正在编辑的页面区域，按 Ctrl+V 组合键将其粘贴到页面区域中，拖曳复制的图形到适当的位置，效果如图 6-123 所示。

（8）选择"文件 > 置入"命令，弹出"置入"对话框，选择云盘中的"Ch06 > 素材 > 6.2-制作美妆类 App 的 Banner 广告 > 02"文件，单击"置入"按钮，在页面区域中单击置入图片。单击工具属性栏中的"嵌入"按钮，嵌入图片。选择"选择"工具，拖曳图片到适当的位置，效果如图 6-124 所示。

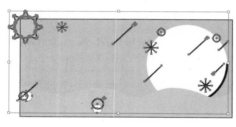

图 6-123　　　　　　　　　　　　　　　　　　图 6-124

（9）选择"效果 > 风格化 > 投影"命令，在弹出的对话框中进行设置，如图 6-125 所示，单击"确定"按钮，效果如图 6-126 所示。

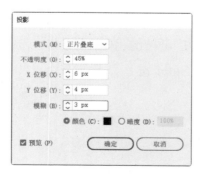

图 6-125　　　　　　　　　　　　　　　图 6-126

（10）选择"文字"工具 T，分别输入需要的文字。选择"选择"工具，在工具属性栏中分别选择合适的字体并设置文字大小，效果如图 6-127 所示。选择文字"活动……60 份"，填充文字为白色，效果如图 6-128 所示。

图 6-127

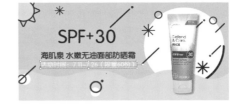
图 6-128

（11）选择"矩形"工具 ▢，在适当的位置绘制一个矩形，如图 6-129 所示。选择"添加锚点"工具 ，分别在矩形上边适当的位置单击，添加两个锚点，效果如图 6-130 所示。

图 6-129

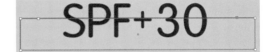
图 6-130

（12）选择"直接选择"工具 ▷，单击以选择需要的线段，如图 6-131 所示。按 Delete 键将其删除，效果如图 6-132 所示。

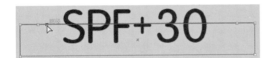
图 6-131

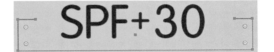
图 6-132

（13）选择"选择"工具 ▶，选择图形，填充描边颜色为白色，效果如图 6-133 所示。在"描边"面板中，单击"端点"选项组中的"圆头端点"按钮 ，其他选项的设置如图 6-134 所示。按 Enter 键，效果如图 6-135 所示。至此，美妆类 App 的 Banner 广告制作完成，效果如图 6-136 所示。

图 6-133

图 6-134

图 6-135

图 6-136

6.2.5　扩展实践：制作女装网页 Banner 广告

使用"置入"命令添加素材图片；使用"文字"工具 T、"删除锚点"工具 ✎、"直接选择"工具 ▷ 和"自由扭曲"命令制作"双 11"文字；使用"文字"工具 T、"创建轮廓"命令和"描边"面板添加标题文字。最终效果参看云盘中的"Ch06 > 效果 > 6.2- 制作女装网页 Banner 广告"文件，如图 6-137 所示。

微课视频

制作女装网页
Banner 广告

图 6-137

任务 6.3　项目演练——制作洗衣机网页 Banner 广告

6.3.1　任务引入

文森艾德是一家综合网上购物平台，商品涵盖家电、手机、服装、百货。现平台对新款静音滚筒洗衣机进行宣传，本任务要求读者制作洗衣机网页 Banner 广告，要求设计符合现代风格，给人沉稳、大气的印象。

微课视频

制作洗衣机网页
Banner 广告

6.3.2　设计理念

Banner 整体采用灰蓝色的背景，使画面显得干净、典雅；主推产品的图片突出了品质感，搭配简介文字，主题鲜明；花边装饰给画面添加了活泼感，令人心情愉悦。最终效果参看云盘中的"Ch06 > 效果 > 6.3- 制作洗衣机网页 Banner 广告"文件，如图 6-138 所示。

图 6-138

项目7

制作精美图书

——图书封面设计

一本好书是好的内容和好的设计的完美结合，精美的书籍设计可以带给读者更多的阅读乐趣和更高级的审美享受。通过本项目的学习，读者可以掌握图书封面的设计方法和制作技巧。

学习引导

知识目标

- 了解书籍设计的概念
- 掌握书籍设计的原则和流程

能力目标

- 熟悉图书封面的设计思路和过程
- 掌握图书封面的制作方法和技巧

素养目标

- 培养对图书封面的设计创意能力
- 培养对图书封面的审美与鉴赏能力

实训项目

- 制作少儿图书封面
- 制作环球旅行图书封面

相关知识：书籍设计基础

1　书籍设计的概念

书籍设计是指书籍的整体设计，包括书籍从策划、设计到成书过程中的整体设计工作。书籍设计是使书籍从开本、封面、版面、字体、插画，到纸张、印刷、装订和材料等各部分都保持和谐一致的视觉艺术设计，目的是使读者在阅读的同时获得美的享受，如图 7-1 所示。

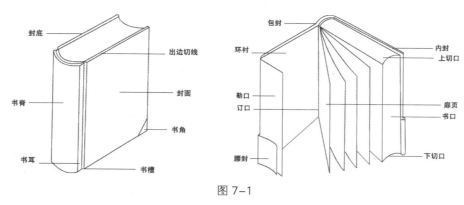

图 7-1

2　书籍设计的原则

书籍设计的原则包括实用与美观的结合，整体与局部的和谐，内容与形式的统一，艺术与技术的呈现，如图 7-2 所示。

图 7-2

3　书籍设计的流程

书籍设计的流程包括设计调研与考察、资料收集与整理、创意构思与草图、设计方案与调整、作品确认与制作等，如图 7-3 所示。

图 7-3

任务 7.1　制作少儿图书封面

7.1.1　任务引入

微课视频 微课视频 微课视频

制作少儿图书　　制作少儿图书　　制作少儿图书
封面1　　　　　封面2　　　　　封面3

有一本内容为记录儿童成长、探讨儿童教育的少儿图书，本任务要求读者为该书制作封面，要求通过对书名的设计和对文字、图片的合理编排，表现出图书充满童趣的特点。

7.1.2　设计理念

使用色彩丰富的插画作为封面的底图，符合少儿的喜好；亲子互动图片使封面看起来更加温馨，贴合图书主题；错落排列的图书名称使画面更具动感。最终效果参看云盘中的"Ch07 > 效果 > 7.1- 制作少儿图书封面"文件，如图 7-4 所示。

图 7-4

7.1.3　任务知识：创建文字

❶ "文字"工具的使用

利用"文字"工具 T 和"直排文字"工具 ⅠT 可以直接输入沿水平方向和直排方向排列的文本。

◎ 输入点文本

选择"文字"工具 T 或"直排文字"工具 ⅠT，在页面区域中单击，出现一个带有选中文字的区域，如图 7-5 所示，切换到需要的输入法并输入文字，如图 7-6 所示。

滚滚长江东逝水

滚滚长江东逝水

图 7-5

创建文本

创建文本

图 7-6

当输入文字需要换行时，按 Enter 键开始新的一行。

结束文字的输入后，单击"选择"工具 ▶ 即可选择输入的文字。这时文字周围将出现一个选择框，文字上的细线是文字基线的位置，效果如图 7-7 所示。

创建文本

图 7-7

◎ 输入文本块

使用"文字"工具 T 或"直排文字"工具 IT 可以绘制一个文本框，然后在文本框中输入文字。

选择"文字"工具 T 或"直排文字"工具 IT，在合适的位置单击并按住鼠标左键拖曳，如图 7-8 所示。当绘制的文本框大小符合需要时，释放鼠标左键，页面上会出现一个蓝色边框且带有选中文字的矩形文本框，如图 7-9 所示。

可以在矩形文本框中输入文字，输入的文字将在指定的区域内排列，如图 7-10 所示。当输入的文字到达矩形文本框的边界时，文字将自动换行，文本块的效果如图 7-11 所示。

图 7-8　　　　　　图 7-9　　　　　　图 7-10　　　　　　图 7-11

◎ 转换点文本和文本块

在文本框的外侧有转换点，空心状态的转换点 ⊶ 表示当前文本为点文本，实心状态的转换点 ⊶ 表示当前文本为文本块。双击转换点可将点文本转换为文本块，也可将文本块转换为点文本。

选择"选择"工具 ▶，选择输入的文本块，如图 7-12 所示。将鼠标指针置于右侧的转换点上双击，如图 7-13 所示，将文本块转换为点文本，如图 7-14 所示。再次双击，可将点文本转换为文本块，如图 7-15 所示。

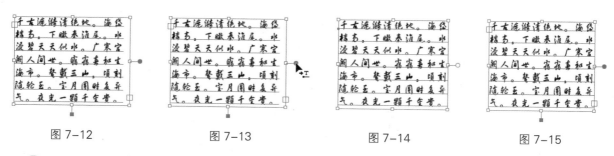

图 7-12　　　　　　图 7-13　　　　　　图 7-14　　　　　　图 7-15

2　"区域文字"工具的使用

在 Illustrator CC 2019 中还可以创建任意形状的文字对象。

绘制一个填充了颜色的图形对象，如图 7-16 所示。选择"文字"工具 T 或"区域文字"工具 ，当鼠标指针移动到图形对象的边框上时，鼠标指针将变成 图标，如图 7-17 所示。在图形对象上单击，图形对象的填充和描边填充属性被取消，图形对象转换为文字路径，并且在图形对象内出现一个带有选中文字的区域，如图 7-18 所示。

图 7-16　　　　　　　　图 7-17　　　　　　　　图 7-18

在选中文字区域中输入文字，输入的文字会按水平方向在该图形对象内排列。如果输入的文字超出了文字路径所能容纳的范围，将出现溢出的现象，这时文字路径的右下角会出现一个红色"囲"图标，效果如图 7-19 所示。

使用"选择"工具▶选择文字路径，拖曳文字路径周围的控制点来调整文字路径的大小，可以显示所有的文字，效果如图 7-20 所示。

使用"直排文字"工具↧T或"直排区域文字"工具囲与使用"文字"工具T的方法是一样的，但使用"直排文字"工具↧T或"直排区域文字"工具囲在文字路径中创建的是竖排文字，如图 7-21 所示。

图 7-19　　　　　　　　图 7-20　　　　　　　　图 7-21

❸ "路径文字"工具的使用

使用"路径文字"工具和"直排路径文字"工具，可以在创建文字时，让文字沿着一个开放或闭合路径的边缘进行水平或垂直方向的排列，路径可以是规则或不规则的。如果使用这两种工具，原来的路径将不再具有填充或描边填充的属性。

◎ 创建路径文字

• 沿路径创建水平方向文字。

选择"钢笔"工具，在页面区域中绘制一个任意形状的开放路径，如图 7-22 所示。选择"路径文字"工具，在绘制好的路径上单击，路径将转换为文字路径，且带有选中文字的路径文字，如图 7-23 所示。

在选中文字区域中输入需要的文字，文字将会沿着路径排列，文字的基线与路径是平行的，效果如图 7-24 所示。

图 7-22　　　　　　　　图 7-23　　　　　　　　图 7-24

• 沿路径创建垂直方向文字。

选择"钢笔"工具 ✐，在页面区域中绘制一个任意形状的开放路径。选择"直排路径文字"工具 ⬍，在绘制好的路径上单击，路径将转换为文字路径，且带有选中文字的路径文字，如图 7-25 所示。

在光标处输入所需要的文字，文字将会沿着路径排列，文字的基线与路径是直排的，效果如图 7-26 所示。

图 7-25　　　　　　　　　　　　　图 7-26

◎ 编辑路径文字

如果对创建的路径文字不满意，可以对其进行编辑。

选择"选择"工具 ▶ 或"直接选择"工具 ▷，选择要编辑的路径文字。这时在文字开始处会出现一个"I"形的符号，如图 7-27 所示。

拖曳文字左侧的"I"形符号，可沿路径移动文字，效果如图 7-28 所示。还可以按住"I"形的符号向路径相反的方向拖曳，文字会翻转方向，效果如图 7-29 所示。

图 7-27　　　　　　　　图 7-28　　　　　　　　图 7-29

④ "修饰文字"工具的使用

利用"修饰文字"工具 🅣，可以对文本框中的文字进行单独的属性设置和编辑操作。

选择"修饰文字"工具 🅣，选择需要编辑的文字，如图 7-30 所示，在工具属性栏中设置适当的字体和文字大小，效果如图 7-31 所示。再次单击需要的文字，如图 7-32 所示，拖曳右下角的控制点调整文字的水平比例，如图 7-33 所示，释放鼠标左键，效果如图 7-34 所示。拖曳左上角的控制点可以调整文字的垂直比例，拖曳右上角的控制点可以等比例缩放文字。

图 7-30　　　　图 7-31　　　　　图 7-32　　　　　图 7-33　　　　　图 7-34

再次单击需要的文字，如图 7-35 所示。拖曳左下角的控制点，可以调整文字的基线偏移，如图 7-36 所示，释放鼠标左键，效果如图 7-37 所示。将鼠标指针置于正上方的空心控制点处，鼠标指针变为旋转图标，拖曳鼠标指针，如图 7-38 所示，旋转文字，效果如图 7-39 所示。

图 7-35   图 7-36   图 7-37   图 7-38   图 7-39

7.1.4 任务实施

1 制作背景

（1）按 Ctrl+N 组合键，弹出"新建文档"对话框，设置文档的宽度为 310 mm，高度为 210 mm，取向为横向，出血为 3 mm，颜色模式为 CMYK，单击"创建"按钮，新建一个文档。

（2）按 Ctrl+R 组合键，显示标尺。选择"选择"工具 ▶，在左侧标尺上向右拖曳出一条垂直参考线。选择"窗口 > 变换"命令，弹出"变换"面板，将"X"设置为 150mm，如图 7-40 所示，按 Enter 键确定操作，效果如图 7-41 所示。

（3）保持参考线的选择状态，在"变换"面板中将"X"设置为 160mm，按 Alt+Enter 组合键确定操作，效果如图 7-42 所示。

图 7-40   图 7-41   图 7-42

（4）选择"矩形"工具 ▢，绘制一个与页面大小相等的矩形。设置填充颜色为蓝色（85、51、5、0），填充图形，设置描边颜色为无，效果如图 7-43 所示。选择"网格"工具 ▦，在矩形中适当的区域单击，为图形建立渐变网格对象，效果如图 7-44 所示。

（5）用相同的方法添加其他锚点，效果如图 7-45 所示。选择"直接选择"工具 ▷，用框选的方法将需要的锚点同时选择，设置填充颜色为浅蓝色（48、0、0、0），填充锚点，效果如图 7-46 所示。

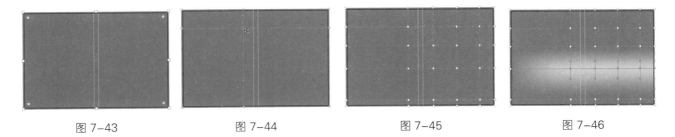

图 7-43   图 7-44   图 7-45   图 7-46

（6）选择"直接选择"工具 ，用框选的方法将需要的锚点同时选择，如图 7-47 所示。设置填充颜色为青色（100、0、0、0），填充锚点，效果如图 7-48 所示。

（7）选择"文件 > 置入"命令，弹出"置入"对话框，选择云盘中的"Ch07 > 素材 > 7.1-制作少儿图书封面 > 01"文件，单击"置入"按钮，在页面区域中单击置入图片。单击属性栏中的"嵌入"按钮，嵌入图片。选择"选择"工具 ，拖曳图片到适当的位置，调整其大小，效果如图 7-49 所示。

（8）选择"选择"工具 ，按住 Alt+Shift 组合键，水平向右拖曳图片到封底中适当的位置，复制图片，效果如图 7-50 所示。

 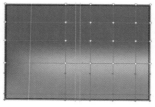  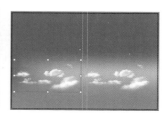

图 7-47　　　　　　　　　图 7-48　　　　　　　　　图 7-49　　　　　　　　　图 7-50

（9）选择"矩形"工具 ，在适当的位置绘制一个矩形，设置填充颜色为黄色（0、0、91、0），填充图形，设置描边颜色为无，效果如图 7-51 所示。选择"直线段"工具 ，在封面中绘制一条斜线，填充描边颜色为白色，效果如图 7-52 所示。

图 7-51　　　　　　　　　　　　　　　图 7-52

（10）选择"窗口 > 描边"命令，弹出"描边"面板，勾选"虚线"复选框，其余各选项的设置如图 7-53 所示，虚线效果如图 7-54 所示。

（11）选择"星形"工具 ，在页面区域中单击，弹出"星形"对话框，选项设置如图 7-55 所示，单击"确定"按钮，出现一个星形。选择"选择"工具 ，拖曳星形到适当的位置，填充图形为白色，设置描边颜色为无，效果如图 7-56 所示。

图 7-53　　　　　　　　　图 7-54　　　　　　　　　图 7-55　　　　　　　　　图 7-56

（12）选择"选择"工具 ▶ ，按住 Shift 键单击下方虚线将其同时选择，按住 Alt 键向下拖曳星形和虚线到适当的位置，复制星形和虚线，效果如图 7-57 所示。拖曳虚线右上角的控制点到适当的位置，调整斜线长度，效果如图 7-58 所示。

（13）用相同的方法复制星形和虚线到其他位置，调整其大小，效果如图 7-59 所示。按 Ctrl+A 组合键全选图形，按 Ctrl+2 组合键锁定所选对象。

（14）按 Ctrl+O 组合键，打开云盘中的"Ch07 > 素材 > 7.1- 制作少儿图书封面 > 02"文件。按 Ctrl+A 组合键全选图形，按 Ctrl+C 组合键复制图形。选择正在编辑的页面，按 Ctrl+V 组合键将其粘贴到页面中，拖曳复制的图形到适当的位置，效果如图 7-60 所示。

  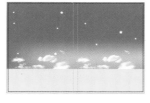 

图 7-57 　　　　　　 图 7-58 　　　　　　 图 7-59 　　　　　　 图 7-60

② 制作封面

（1）选择"文字"工具 T ，在页面区域外输入需要的文字。选择"选择"工具 ▶ ，在工具属性栏中选择合适的字体并设置文字大小，效果如图 7-61 所示。选择"文字 > 创建轮廓"命令，将文字转换为轮廓，效果如图 7-62 所示。按 Shift+Ctrl+G 组合键，取消文字编组。

图 7-61 　　　　　　　　　　　　　　 图 7-62

（2）双击"倾斜"工具 ✏ ，弹出"倾斜"对话框，选择"水平"单选项，其他选项的设置如图 7-63 所示。单击"确定"按钮，倾斜文字，效果如图 7-64 所示。

图 7-63 　　　　　　　　　　　　 图 7-64

（3）选择"直接选择"工具 ▷ ，按住 Shift 键依次单击，选择"点"文字下方需要的锚点，如图 7-65 所示。按 Delete 键删除不需要的锚点，效果如图 7-66 所示。选择"矩形"工具 □ ，在适当的位置绘制一个矩形，效果如图 7-67 所示。

图 7-65

图 7-66

图 7-67

（4）选择"选择"工具▶，按住 Shift 键单击下方"点"文字，将其同时选择，效果如图 7-68 所示。选择"窗口 > 路径查找器"命令，弹出"路径查找器"面板，单击"减去顶层"按钮▣，如图 7-69 所示，生成新的对象，效果如图 7-70 所示。

图 7-68

图 7-69

图 7-70

（5）按 Shift+Ctrl+G 组合键，取消文字编组。选择"选择"工具▶，拖曳下方笔画到适当的位置，效果如图 7-71 所示。选择"删除锚点"工具✐，在右下角的锚点上单击，删除锚点，效果如图 7-72 所示。

（6）选择"直接选择"工具▷，选择左下角的锚点，向左下方拖曳锚点到适当的位置，效果如图 7-73 所示。用相同的方法选择并向左拖曳需要的锚点到适当的位置，效果如图 7-74 所示。

图 7-71

图 7-72

图 7-73

图 7-74

（7）使用"直接选择"工具▷，用框选的方法选择"点"文字下方需要的锚点，连续按↓键，调整选择的锚点到适当的位置，效果如图 7-75 所示。

（8）用框选的方法选择左侧的锚点，向左拖曳锚点到适当的位置，效果如图 7-76 所示。选择左上角的锚点，向右拖曳锚点到适当的位置，效果如图 7-77 所示。

（9）用相同的方法制作文字"亮""星""空"，效果如图 7-78 所示。

图 7-75

图 7-76

图 7-77

图 7-78

（10）选择"选择"工具▶，用框选的方法将"点亮星空"文字同时选择，拖曳文字到封面中适当的位置，调整其大小，效果如图 7-79 所示。设置填充颜色为黄色（0、0、91、0），填充文字，效果如图 7-80 所示。

图 7-79

图 7-80

（11）选择"文字"工具 T，在适当的位置分别输入需要的文字。选择"选择"工具 ▶，在工具属性栏中分别选择合适的字体并设置文字大小，填充文字为白色，效果如图 7-81 所示。选择"文字"工具 T，选择文字"著"，在工具属性栏中设置文字大小，效果如图 7-82 所示。

图 7-81

图 7-82

（12）选择"文字"工具 T，在文字"云"右侧单击，插入光标，如图 7-83 所示。选择"文字 > 字形"命令，弹出"字形"面板，设置字体并选择需要的字形，如图 7-84 所示，双击插入字形，效果如图 7-85 所示。用相同的方法在其他位置插入相同字形，效果如图 7-86 所示。

云谷子书局

图 7-83

图 7-84

云│谷子书局

图 7-85

云│谷│子│书│局

图 7-86

（13）选择"文字"工具 T，在适当的位置分别输入需要的文字。选择"选择"工具 ▶，在工具属性栏中分别选择合适的字体并设置文字大小，效果如图 7-87 所示。

（14）选择上方需要的文字，按 Ctrl+T 组合键，弹出"字符"面板，将"设置行距" 设置为 21 pt，其他选项的设置如图 7-88 所示。按 Enter 键确定操作，效果如图 7-89 所示。

图 7-87

图 7-88

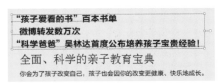

图 7-89

（15）选择"文字"工具 T，选择第一行文字，在工具属性栏中选择合适的字体并设置文字大小，效果如图 7-90 所示。选取第二行文字，在工具属性栏中设置文字大小，效果如图 7-91 所示。

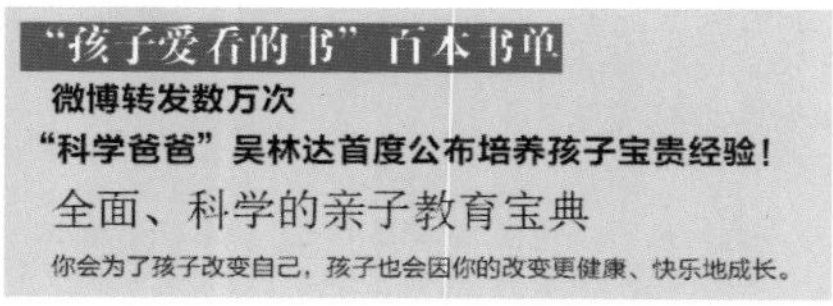

图 7-90

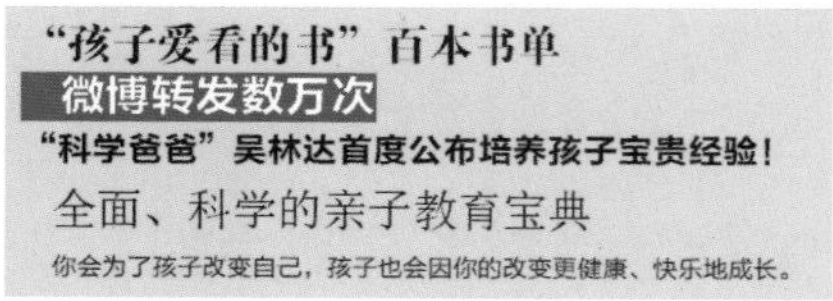

图 7-91

（16）保持文字选择状态。设置填充颜色为蓝色（80、10、0、0），填充文字，效果如图 7-92 所示。选择文字"'科学爸爸'吴林达"，在工具属性栏中选择合适的字体，效果如图 7-93 所示。

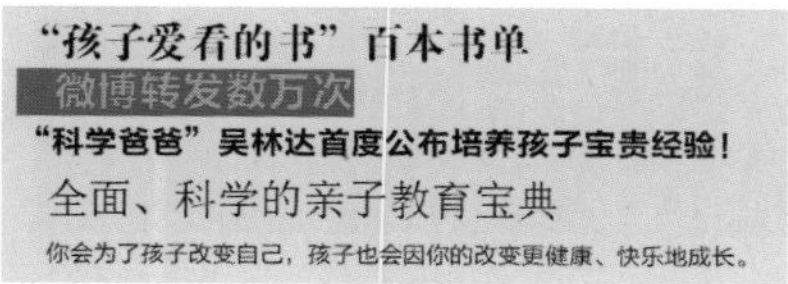

图 7-92

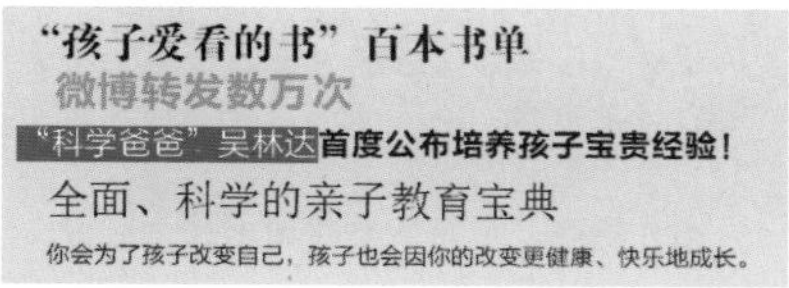

图 7-93

（17）选择"文字"工具 T，选择文字"全面、科学"，在工具属性栏中选择合适的字体，效果如图 7-94 所示。设置填充颜色为蓝色（80、10、0、0），填充文字，效果如图 7-95 所示。

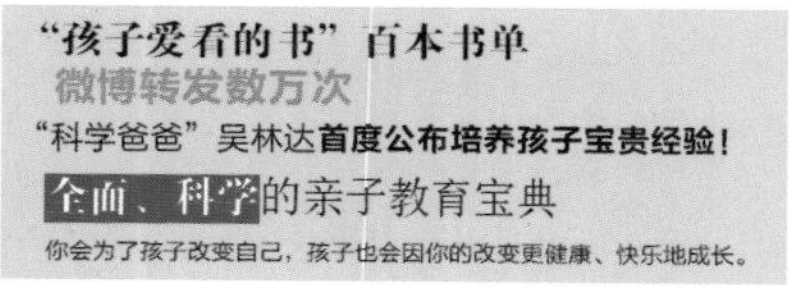

图 7-94

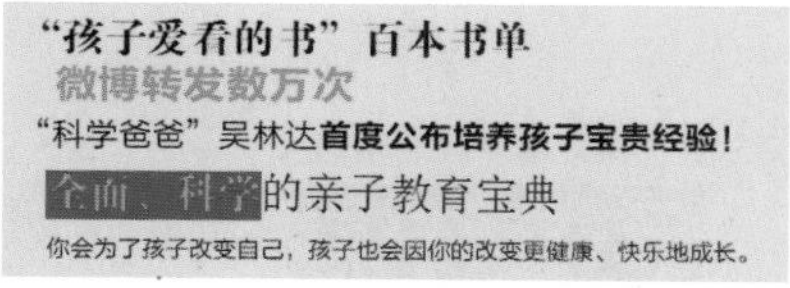

图 7-95

（18）选择"直线段"工具 ，按住 Shift 键，在适当的位置绘制一条直线。设置描边颜色为蓝色（80、10、0、0），填充描边，效果如图 7-96 所示。

（19）在"描边"面板中勾选"虚线"复选框，其余各选项的设置如图 7-97 所示，虚线效果如图 7-98 所示。

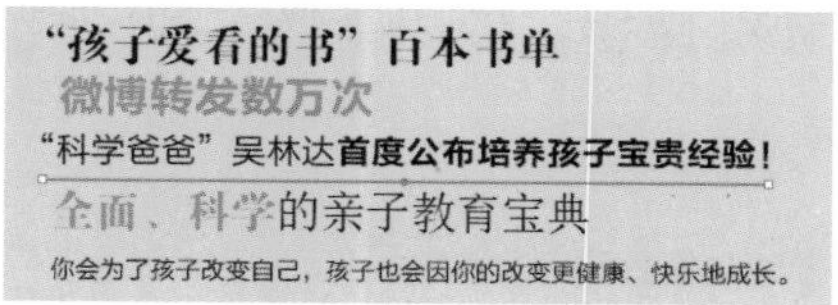

图 7-96

图 7-97

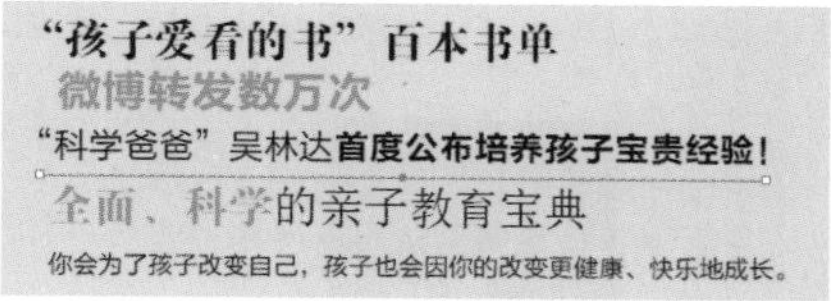

图 7-98

（20）选择"选择"工具 ，按住 Alt+Shift 组合键垂直向下拖曳复制的虚线到适当的位置，效果如图 7-99 所示。

（21）选择"星形"工具，在页面区域中单击，弹出"星形"对话框，选项设置如图 7-100 所示，单击"确定"按钮，出现一个多角星形。选择"选择"工具，拖曳多角星形到适当的位置，填充图形为白色，设置描边颜色为无，效果如图 7-101 所示。

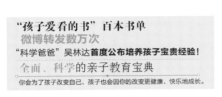

图 7-99 　　　　　　　　　　　图 7-100 　　　　　　　　　　　图 7-101

（22）选择"椭圆"工具，按住 Alt+Shift 组合键，以多角星形的中点为圆心绘制一个圆形，设置填充颜色为蓝色（90、10、0、0），填充图形，设置描边颜色为无，效果如图 7-102 所示。

（23）按 Ctrl+O 组合键，打开云盘中的"Ch07 > 素材 > 7.1- 制作少儿图书封面 > 03"文件。选择"选择"工具，选择需要的图形，按 Ctrl+C 组合键复制图形。选择正在编辑的页面，按 Ctrl+V 组合键，将其粘贴到页面区域中，拖曳复制的图形到适当的位置，效果如图 7-103 所示。

（24）选择"文字"工具，在适当的位置分别输入需要的文字。选择"选择"工具，在工具属性栏中分别选择合适的字体并设置文字大小，调整文字字距，为其填充相应的颜色，效果如图 7-104 所示。

图 7-102 　　　　　　　　　　　图 7-103 　　　　　　　　　　　图 7-104

3 制作封底和书脊

（1）选择"椭圆"工具，在封底中分别绘制椭圆形，如图 7-105 所示。选择"选择"工具，用框选的方法将所绘制的椭圆形同时选择。在"路径查找器"面板中单击"联集"按钮，如图 7-106 所示，生成新的对象，效果如图 7-107 所示。

图 7-105 　　　　　　　　　　　图 7-106 　　　　　　　　　　　图 7-107

（2）保持图形选择状态，设置填充颜色为黄色（0、0、91、0），填充图形，设置描边颜色为无，效果如图7-108所示。

（3）按Ctrl+C组合键复制图形，按Ctrl+F组合键将复制的图形粘贴在前面。按住Alt+Shift组合键，拖曳右上角的控制点到适当的位置，等比例缩小图形，效果如图7-109所示。

图7-108

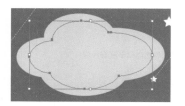
图7-109

（4）选择"区域文字"工具，在图形内部单击，出现一个带有选中文字的区域。重新输入需要的文字，在工具属性栏中选择合适的字体并设置文字大小，效果如图7-110所示。

（5）在"字符"面板中将"设置行距"设置为12 pt，其他选项的设置如图7-111所示。按Enter键确定操作，效果如图7-112所示。

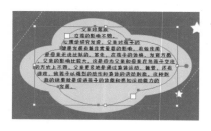
图7-110

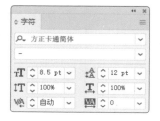
图7-111

图7-112

（6）选择"矩形"工具，在适当的位置绘制一个矩形，填充图形为白色，设置描边颜色为无，效果如图7-113所示。选择"文字"工具，在适当的位置分别输入需要的文字，选择"选择"工具，在工具属性栏中分别选择合适的字体并设置文字大小，效果如图7-114所示。

图7-113

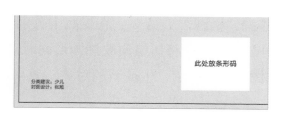
图7-114

（7）选择"选择"工具，在封面中选择需要的图形，如图7-115所示。按住Alt键向左拖曳图形到书脊上，复制图形并调整其大小，效果如图7-116所示。用相同的方法复制封面中其他需要的文字，调整文字方向，效果如图7-117所示。

图 7-115

图 7-116

图 7-117

7.1.5　扩展实践：制作美食图书封面

使用"矩形"工具▢绘制背景图形；使用"置入"命令置入图片；使用"直排文字"工具▮T▮添加封面文字；使用"字形"命令插入符号。最终效果参看云盘中的"Ch07 > 效果 > 7.1-制作美食图书封面"文件，如图 7-118 所示。

微课视频

制作美食图书
封面

图 7-118

任务 7.2　制作环球旅行图书封面

微课视频

微课视频

制作环球旅行
图书封面1

制作环球旅行
图书封面2

7.2.1　任务引入

本任务要求读者为一本环球旅行图书设计封面，要求设计美观、大方，能在众多同类图书中脱颖而出。

7.2.2　设计理念

封面整体以白色为背景，不使用繁杂的装饰，以突出主体；封面将全球景点照片汇聚在一起，凸显了图书主题，并且使画面更加丰富；图书名称醒目突出，令人印象深刻。最终效果参看云盘中的"Ch07 > 效果 > 7.2-制作环球旅行图书封面"文件，如图 7-119 所示。

图 7-119

7.2.3　任务知识："字符"面板

1　创建文字轮廓

选择文字，选择"文字 > 创建轮廓"命令（组合键为 Shift+Ctrl+O），创建文字轮廓，如图 7-120 所示。文字转换为轮廓后，可以对文字进行渐变填充，效果如图 7-121 所示，还可以对文字应用滤镜，效果如图 7-122 所示。

图 7-120　　　　　　　　　　图 7-121　　　　　　　　　　图 7-122

提示　　文字转换为轮廓后，将不再具有文字的一些属性，因此需要在文字转换成轮廓之前先按需要调整字体大小。将文字转换为轮廓时，会把文字块中的文字全部转换为路径。不能在一行文字内转换单个文字。

2　"字符"面板

在 Illustrator CC 2019 中可以设置文字的格式，包括字体、字号、颜色和字符间距等。

选择"窗口 > 文字 > 字符"命令（组合键为 Ctrl+T），弹出"字符"面板，如图 7-123 所示，在此可以设置文字格式。

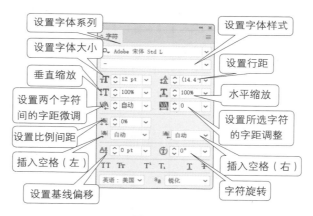

图 7-123

7.2.4　任务实施

1　制作封面

（1）按 Ctrl+N 组合键，弹出"新建文档"对话框，设置文档的宽度为 350mm，高度为230mm，取向为横向，出血为 3mm，颜色模式为 CMYK，单击"创建"按钮，新建一个文档。

（2）按 Ctrl+R 组合键，显示标尺。选择"选择"工具 ▶，在左侧标尺上向右拖曳出一条垂直参考线。选择"窗口 > 变换"命令，弹出"变换"面板，将"X"设置为 170mm，如图 7-124 所示。按 Enter 键确定操作，效果如图 7-125 所示。

（3）保持参考线的选择状态，在"变换"面板中将"X"设置为 180mm，按 Alt+Enter 组合键确定操作，效果如图 7-126 所示。

图 7-124　　　　　　　　　图 7-125　　　　　　　　　图 7-126

（4）选择"文件 > 置入"命令，弹出"置入"对话框，选择云盘中的"Ch07 > 素材 > 7.2-制作环球旅行图书封面 > 01、02"文件，单击"置入"按钮，在页面区域中分别单击置入图片。单击工具属性栏中的"嵌入"按钮，嵌入图片。选择"选择"工具 ▶，分别拖曳图片到适当的位置，效果如图 7-127 所示。

（5）选择"窗口 > 透明度"命令，弹出"透明度"面板，将混合模式设置为"正片叠底"，其他选项的设置如图 7-128 所示。按 Enter 键确定操作，效果如图 7-129 所示。

图 7-127　　　　　　　　　图 7-128　　　　　　　　　图 7-129

（6）选择"文字"工具 T，在页面区域中分别输入需要的文字。选择"选择"工具 ▶，在工具属性栏中分别选择合适的字体并设置文字大小，效果如图 7-130 所示。选择文字"环球旅行"，设置文字填充颜色为海蓝色（97、81、7、0），填充文字，效果如图 7-131 所示。

图 7-130　　　　　　　　　　　　　　图 7-131

（7）选择"文字"工具 T，在适当的位置单击，插入光标，如图 7-132 所示。选择"文字 > 字形"命令，弹出"字形"面板，设置字体并选择需要的字形，如图 7-133 所示，双击插入字形，效果如图 7-134 所示。

（8）选择"文字"工具 T，在适当的位置分别输入需要的文字。选择"选择"工具 ▶，在工具属性栏中分别选择合适的字体并设置文字大小，调整文字字距和行距，为其填充相应的颜色，效果如图 7-135 所示。

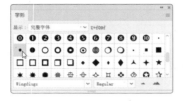

图 7-132　　　　　　　图 7-133　　　　　　　图 7-134　　　　　　　图 7-135

（9）选择"文字"工具 T，在适当的位置分别输入需要的文字。选择"选择"工具 ▶，在工具属性栏中分别选择合适的字体并设置文字大小，效果如图 7-136 所示。在工具属性栏中单击"右对齐"按钮 ≡，对齐文字并微调至适当的位置，效果如图 7-137 所示。选择"文字"工具 T，在文字"恩"右侧单击，插入光标，如图 7-138 所示。

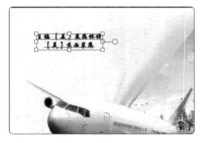

图 7-136　　　　　　　　　图 7-137　　　　　　　　　图 7-138

（10）选择"文字 > 字形"命令，弹出"字形"面板，设置字体并选择需要的字形，如图 7-139 所示，双击插入字形，效果如图 7-140 所示。用相同的方法在其他位置插入相同字形，效果如图 7-141 所示。

图 7-139　　　　　　　　图 7-140　　　　　　　　图 7-141

2 制作封底和书脊

（1）选择"文件 > 置入"命令，弹出"置入"对话框，选择云盘中的"Ch07 > 素材 > 7.2-制作环球旅行图书封面 > 03"文件，单击"置入"按钮，在页面区域中单击置入图片。单击工具属性栏中的"嵌入"按钮，嵌入图片。选择"选择"工具 ▶，拖曳图片到适当的位置，效果如图 7-142 所示。

（2）选择"直线段"工具，按住 Shift 键在适当的位置绘制一条直线，设置描边颜色为海蓝色（97、81、7、0），填充描边，效果如图 7-143 所示。

图 7-142

图 7-143

（3）选择"椭圆"工具，按住 Shift 键在适当的位置绘制一个圆形，设置填充颜色为海蓝色（97、81、7、0），填充图形，设置描边颜色为无，效果如图 7-144 所示。选择"选择"工具，按住 Shift 键单击左侧直线将其同时选择，如图 7-145 所示。

图 7-144

图 7-145

（4）双击"镜像"工具，弹出"镜像"对话框，选项设置如图 7-146 所示。单击"复制"按钮，镜像并复制图形，效果如图 7-147 所示。

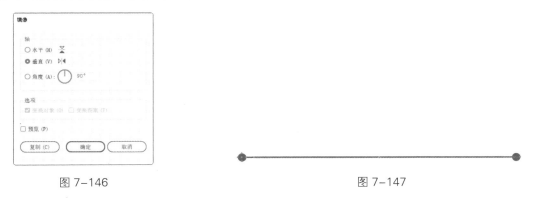

图 7-146

图 7-147

（5）选择"选择"工具，按住 Shift 键水平向右拖曳复制的图形到适当的位置，效果如图 7-148 所示。

图 7-148

（6）选择"矩形"工具，按住 Shift 键在适当的位置绘制一个正方形，设置填充颜色为海蓝色（97、81、7、0），填充图形，设置描边颜色为无，效果如图 7-149 所示。

（7）选择"窗口＞变换"命令，弹出"变换"面板，将"旋转"设置为 45°，如图 7-150 所示。按 Enter 键确定操作，效果如图 7-151 所示。

图 7-149　　　　　　　　　　图 7-150　　　　　　　　　　图 7-151

（8）选择"直线段"工具，按住 Shift 键在页面区域外 45° 角的方向绘制一条斜线，设置描边颜色为海蓝色（97、81、7、0），填充描边，效果如图 7-152 所示。

（9）选择"选择"工具，按住 Alt+Shift 组合键，向右下角拖曳斜线到适当的位置，复制斜线，效果如图 7-153 所示。

图 7-152　　　　　　　　　　　　　　　　　图 7-153

（10）选择"选择"工具，按住 Shift 键单击原斜线将其同时选择，如图 7-154 所示。双击"混合"工具，在弹出的"混合选项"对话框中进行设置，如图 7-155 所示，单击"确定"按钮，按 Alt+Ctrl+B 组合键，生成混合效果，如图 7-156 所示。

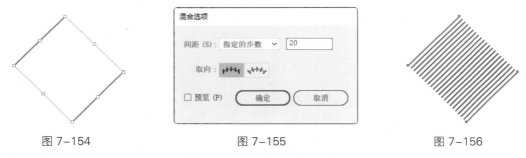

图 7-154　　　　　　　　　　图 7-155　　　　　　　　　　图 7-156

（11）选择"矩形"工具，按住 Shift 键在适当的位置绘制一个正方形，如图 7-157 所示。按住 Shift 键单击下方混合图形将其同时选择，如图 7-158 所示，按 Ctrl+7 组合键，建立剪切蒙版，效果如图 7-159 所示。

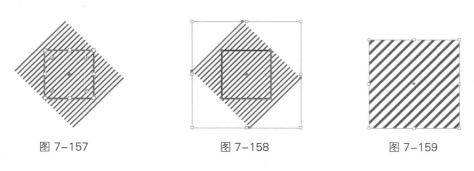

图 7-157　　　　　　　　　　图 7-158　　　　　　　　　　图 7-159

（12）将混合图形拖曳到页面区域中适当的位置，效果如图 7-160 所示。选择"文字"工具 T，在适当的位置分别输入需要的文字。选择"选择"工具 ▶，在工具属性栏中分别选择合适的字体并设置文字大小，调整文字字距，为其填充相应的颜色，效果如图 7-161 所示。

图 7-160　　　　　　　　　　　　　　　　图 7-161

（13）选择"矩形"工具 ▢，在适当的位置绘制一个矩形，填充图形为白色，效果如图 7-162 所示。选择"文字"工具 T，在适当的位置输入需要的文字。选择"选择"工具 ▶，在工具属性栏中选择合适的字体并设置文字大小，效果如图 7-163 所示。

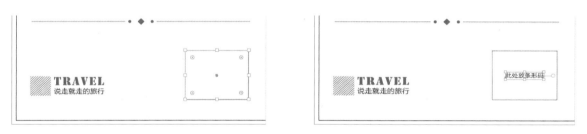

图 7-162　　　　　　　　　　　　　　　　图 7-163

（14）选择"选择"工具 ▶，在封面中选择需要的文字，如图 7-164 所示。按住 Alt 键向左拖曳文字到书脊上，复制文字，调整其大小，效果如图 7-165 所示。

图 7-164　　　　　　　　　　　　　　　　图 7-165

（15）选择"文字 > 文字方向 > 垂直"命令，将横排文字转换为直排文字，效果如图 7-166 所示。用相同的方法复制封面中其他需要的文字，调整文字方向，效果如图 7-167 所示。至此，环球旅行书籍封面制作完成。

图 7-166

图 7-167

7.2.5 扩展实践：制作手机摄影图书封面

使用"矩形"工具▢、"置入"命令、"多边形"工具⬡和"剪切蒙版"命令制作背景；使用"文字"工具T、"字符"面板添加标题及相关信息。最终效果参看云盘中的"Ch07 > 效果 > 7.2-制作手机摄影书籍封面"文件，如图 7-168 所示。

微课视频

制作手机摄影
图书封面

图 7-168

任务 7.3 项目演练——制作儿童插画图书封面

7.3.1 任务引入

《插画欣赏集》是一本儿童插画图书，书中的内容充满创造性和趣味性，能启发儿童的创意潜能和艺术性。本任务要求读者为该书设计封面，用于图书的出版及发售，要求设计符合儿童的喜好，风格清新。

微课视频

制作儿童插画
图书封面

7.3.2 设计理念

封面以儿童喜欢的插画元素为主导，营造出温馨的氛围；图书名称和宣传语经过艺术处理，能够吸引儿童的注意力，加强宣传的力度。最终效果参看云盘中的"Ch07 > 效果 > 7.3-制作儿童插画图书封面"文件，如图 7-169 所示。

图 7-169

项目8

制作商业画册
——画册设计

08

画册可以全方位展示个人或企业的理念、风采，宣传产品和品牌形象。一本精美的画册既要富有创意，又要具有可读性和可观赏性。通过本项目的学习，读者可以掌握画册封面、内页的设计方法和制作技巧。

 学习引导

知识目标

- 了解画册的概念
- 掌握画册的分类和设计要点

能力目标

- 熟悉画册的设计思路和过程
- 掌握画册的制作方法和技巧

素养目标

- 培养对画册的设计创意能力
- 培养对画册的审美与鉴赏能力

实训项目

- 制作房地产画册封面
- 制作房地产画册内页

相关知识：画册设计基础

1 画册的概念

画册是企业对外宣传的媒介，可以起到宣传企业或产品的作用，能够塑造企业的形象。画册的设计通常图文并茂，以图为主，以文为辅，如图 8-1 所示。

图 8-1

2 画册的分类

按照行业，可将画册分为商业宣传画册、文化宣传画册、旅游宣传画册、艺术宣传画册、教育宣传画册等，如图 8-2 所示。

图 8-2

3 画册的设计要点

要设计制作一本好的画册，首先，在设计上要注意主题明确，能够反映行业特色，版式风格精美；其次，画册的整体色调能反映设计主题，图片风格统一且画质清晰；最后，印刷要求在预算范围内，装帧精致，印刷工艺使用恰当，符合行业定位，如图 8-3 所示。

图 8-3

任务 8.1　制作房地产画册封面

微课视频

制作房地产画册
封面

8.1.1　任务引入

友豪房地产是一家房地产集团。集团的新楼房即将开盘，要进行系统的宣传，本任务要求读者为其制作房地产画册封面，要求设计围绕新楼盘主题，画面稳重、大气，能够表现集团理念和楼盘特色。

8.1.2　设计理念

使用实景照片作为封面，突出楼盘的品质与格调；整体设计大气、简约，用色沉稳，符合企业的特色；封底文字的设计简单明了，信息清晰。最终效果参看云盘中的"Ch08 > 效果 > 8.1-制作房地产画册封面"文件，如图 8-4 所示。

图 8-4

8.1.3　任务知识：对齐与透明度

❶ "对齐"面板

使用"对齐"面板可以快速、有效地对齐或分布多个图形。选择"窗口 > 对齐"命令，弹出"对齐"面板，如图 8-5 所示。单击"对齐"面板右下方的"对齐"按钮，弹出下拉列表，如图 8-6 所示，在其中可以设置对齐方式。

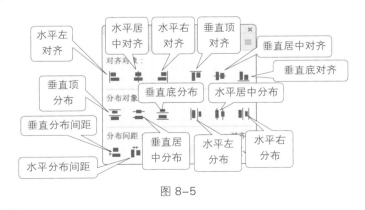

图 8-5

对齐所选对象
✔ 对齐关键对象
对齐画板

图 8-6

❷ 对齐对象

◎ 水平左对齐

以最左边对象的左边线为基准线，被选择对象的左边缘都和这条线对齐（最左边对象的位置不变）。

　　选择要对齐的对象，如图8-7所示。单击"对齐"面板中的"水平左对齐"按钮 ，所有选择的对象都将水平向左对齐，如图8-8所示。

　　◎ 水平居中对齐

　　以选择对象的中点为基准点对齐，所有对象在垂直方向的位置保持不变（多个对象水平居中对齐时，以中间对象的中点为基准点进行对齐，中间对象的位置不变）。

　　选择要对齐的对象，如图8-9所示。单击"对齐"面板中的"水平居中对齐"按钮 ，所有选择的对象都将水平居中对齐，如图8-10所示。

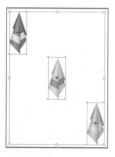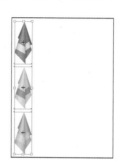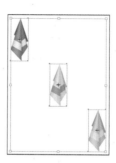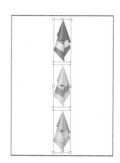

图8-7　　　　　　　　图8-8　　　　　　　　图8-9　　　　　　　　图8-10

　　◎ 水平右对齐

　　以最右边对象的右边线为基准线，被选择对象的右边缘都和这条线对齐（最右边对象的位置不变）。

　　选择要对齐的对象，如图8-11所示。单击"对齐"面板中的"水平右对齐"按钮 ，所有选择的对象都将水平向右对齐，如图8-12所示。

　　◎ 垂直顶对齐

　　以多个要对齐对象中最上面对象的上边线为基准线，选择对象的上边线都和这条线对齐（最上面对象的位置不变）。

　　选择要对齐的对象，如图8-13所示。单击"对齐"面板中的"垂直顶对齐"按钮 ，所有选择的对象都将垂直向上对齐，如图8-14所示。

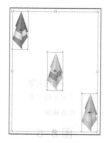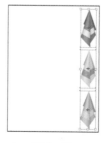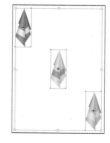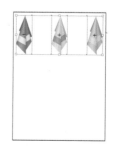

图8-11　　　　　　　　图8-12　　　　　　　　图8-13　　　　　　　　图8-14

　　◎ 垂直居中对齐

　　以多个要对齐对象的中点为基准点对齐，所有对象进行垂直移动，水平方向上的位置不变（多个对象进行垂直居中对齐时，以中间对象的中点为基准点对齐，中间对象的位置不变）。

选择要对齐的对象，如图8-15所示。单击"对齐"面板中的"垂直居中对齐"按钮 ⊪，所有选择的对象都将垂直居中对齐，如图8-16所示。

◎ 垂直底对齐

以多个要对齐对象中最下面对象的下边线为基准线，选择对象的下边线都和这条线对齐（最下面对象的位置不变）。

选择要对齐的对象，如图8-17所示。单击"对齐"面板中的"垂直底对齐"按钮 ⊫，所有选择的对象都将垂直向下对齐，如图8-18所示。

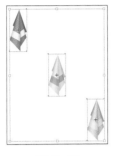 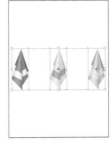 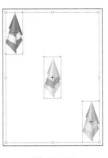 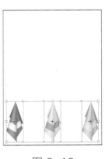

图8-15   图8-16   图8-17   图8-18

❸ 分布对象

◎ 垂直顶分布

以每个选择对象的上边线为基准线，使对象按相等的间距垂直分布。

选择要分布的对象，如图8-19所示。单击"对齐"面板中的"垂直顶分布"按钮 ≡，所有选择的对象都将按各自的上边线等距离垂直分布，如图8-20所示。

◎ 垂直居中分布

以每个选择对象的中线为基准线，使对象按相等的间距垂直分布。

选择要分布的对象，如图8-21所示。单击"对齐"面板中的"垂直居中分布"按钮 ≖，所有选择的对象都将按各自的中线等距离垂直分布，如图8-22所示。

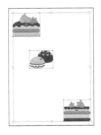   

图8-19   图8-20   图8-21   图8-22

◎ 垂直底分布

以每个选择对象的下边线为基准线，使对象按相等的间距垂直分布。

选择要分布的对象，如图8-23所示。单击"对齐"面板中的"垂直底分布"按钮，所有选择的对象都将按各自的下边线等距离垂直分布，如图8-24所示。

◎ 水平左分布

以每个选择对象的左边线为基准线，使对象按相等的间距水平分布。

选择要分布的对象，如图8-25所示。单击"对齐"面板中的"水平左分布"按钮，所有选择的对象都将按各自的左边线等距离水平分布，如图8-26所示。

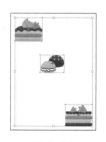

图8-23　　　　　　　图8-24　　　　　　　图8-25　　　　　　　图8-26

◎ 水平居中分布

以每个选择对象的中线为基准线，使对象按相等的间距水平分布。

选择要分布的对象，如图8-27所示。单击"对齐"面板中的"水平居中分布"按钮，所有选择的对象都将按各自的中线等距离水平分布，如图8-28所示。

◎ 水平右分布

以每个选择对象的右边线为基准线，使对象按相等的间距水平分布。

选择要分布的对象，如图8-29所示。单击"对齐"面板中的"水平右分布"按钮，所有选择的对象都将按各自的右边线等距离水平分布，如图8-30所示。

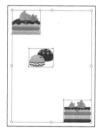

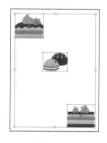

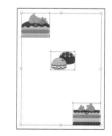

图8-27　　　　　　　图8-28　　　　　　　图8-29　　　　　　　图8-30

◎ 垂直分布间距

要精确指定对象间的距离，需在"对齐"面板中的"分布间距"选项组中进行设置，其中包括"垂直分布间距"按钮和"水平分布间距"按钮。

选择要对齐的多个对象，如图8-31所示。单击被选择对象中的任意一个对象，该对象将作为其他对象进行分布时的参照，如图8-32所示。在"对齐"面板右下方的数值框中将距离设置为10mm，如图8-33所示。

单击"对齐"面板中的"垂直分布间距"按钮，所有被选择的对象将以汉堡图像作为参照，按设置的数值等距离垂直分布，如图 8-34 所示。

  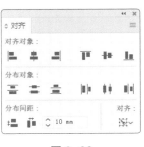 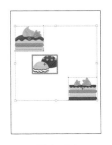

图 8-31　　　　　　图 8-32　　　　　　图 8-33　　　　　　图 8-34

◎ 水平分布间距

选择要对齐的多个对象，如图 8-35 所示。单击被选择对象中的任意一个对象，该对象将作为其他对象进行分布时的参照，如图 8-36 所示。在"对齐"面板右下方的数值框中将距离设置为 3mm，如图 8-37 所示。

单击"对齐"面板中的"水平分布间距"按钮 ，所有被选择的对象将以樱桃面包图像作为参照，按设置的数值等距离水平分布，如图 8-38 所示。

  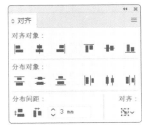 

图 8-35　　　　　　图 8-36　　　　　　图 8-37　　　　　　图 8-38

④ 认识"透明度"面板

透明度是 Illustrator 中对象的一个重要外观属性。Illustrator 的透明度通过设置后，页面区域中的对象可以是完全透明、半透明或者不透明 3 种状态。在"透明度"面板中可以给对象添加不透明度，还可以改变混合模式，从而制作出新的效果。

选择"窗口 > 透明度"命令（组合键为 Shift +Ctrl+ F10），弹出"透明度"面板，如图 8-39 所示。

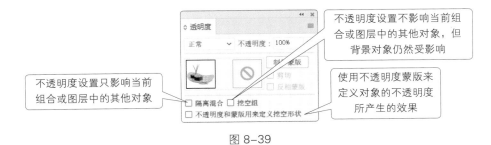

图 8-39

◎ "透明度"面板的表面属性

在"透明度"面板中，当前选择的对象的缩略图将出现在其中。当将"不透明度"设置为不同的数值时，效果如图8-40所示（默认状态下，对象是完全不透明的）。

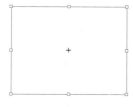 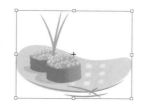 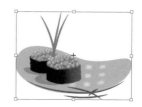

不透明度为0时　　　　　不透明度为50%时　　　　　不透明度为100%时

图8-40

◎ "透明度"面板的下拉列表

单击"透明度"面板右上方的▤按钮，弹出下拉菜单，如图8-41所示。

选择"建立不透明蒙版"命令可以将蒙版的不透明度设置应用到它所覆盖的所有对象中。

在页面区域中选择两个对象，如图8-42所示，选择"建立不透明蒙版"命令，"透明度"面板显示的效果如图8-43所示，制作不透明蒙版的效果如图8-44所示。

 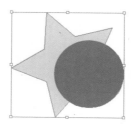  

图8-41　　　　　　图8-42　　　　　　图8-43　　　　　　图8-44

选择"释放不透明蒙版"命令，制作的不透明蒙版将被释放，对象恢复原来的效果。选择制作的不透明蒙版，选择"停用不透明蒙版"命令，不透明蒙版被禁用，"透明度"面板的变化如图8-45所示。

选择制作的不透明蒙版，选择"取消链接不透明蒙版"命令，蒙版对象和被蒙版对象之间的链接关系被取消。"透明度"面板中，蒙版对象和被蒙版对象缩略图之间的"指示不透明蒙版链接到图稿"按钮▤转换为"单击可将不透明蒙版链接到图稿"按钮▤，如图8-46所示。

图8-45　　　　　　　　　　　　图8-46

选择制作的不透明蒙版，勾选"透明度"面板中的"剪切"复选框，如图8-47所示，不透明蒙版的变化如图8-48所示。勾选"透明度"面板中的"反相蒙版"复选框，如图8-49所示，不透明蒙版的变化如图8-50所示。

| 图 8-47 | 图 8-48 | 图 8-49 | 图 8-50 |

5 "透明度"面板中的混合模式

在"透明度"面板中提供了 16 种混合模式，如图 8-51 所示。打开一幅图像，如图 8-52 所示。在图像上选择需要的图形，如图 8-53 所示。

| 图 8-51 | 图 8-52 | 图 8-53 |

分别选择不同的混合模式，可以观察图像的不同变化，效果如图 8-54 所示。

图 8-54

| 柔光模式 | 强光模式 | 差值模式 | 排除模式 |

| 色相模式 | 饱和度模式 | 混色模式 | 明度模式 |

图 8-54（续）

8.1.4 任务实施

（1）按 Ctrl+N 组合键，弹出"新建文档"对话框，设置文档的宽度为 420 mm，高度为 285 mm，取向为横向，出血为 3 mm，颜色模式为 CMYK，单击"创建"按钮，新建一个文档。

（2）按 Ctrl+R 组合键，显示标尺。选择"选择"工具▶，从左侧标尺上向右拖曳出一条垂直参考线。选择"窗口 > 变换"命令，弹出"变换"面板，将"X"设置为 210 mm，如图 8-55 所示。按 Enter 键确定操作，效果如图 8-56 所示。

图 8-55

图 8-56

（3）选择"文件 > 置入"命令，弹出"置入"对话框，选择云盘中的"Ch08 > 素材 > 8.1- 制作房地产画册封面 > 01"文件，单击"置入"按钮，在页面区域中单击置入图片。单击工具属性栏中的"嵌入"按钮，嵌入图片。选择"选择"工具▶，拖曳图片到适当的位置，效果如图 8-57 所示。按 Ctrl+2 组合键，锁定所选对象。

（4）选择"矩形"工具▢，在适当的位置绘制一个矩形，设置填充颜色为浅褐色（66、65、61、13），填充图形，设置描边颜色为无，效果如图 8-58 所示。

图 8-57

图 8-58

（5）在工具属性栏中将"不透明度"设置为80%，按 Enter 键确定操作，效果如图 8-59 所示。选择"文字"工具 T ，分别输入需要的文字。选择"选择"工具 ▶ ，在工具属性栏中分别选择合适的字体并设置文字大小，填充文字为白色，效果如图 8-60 所示。

图 8-59

图 8-60

（6）选择文字"友豪房地"，按 Ctrl+T 组合键，弹出"字符"面板，将"设置所选字符的字距调整" ⅦA 设置为100，其他选项的设置如图 8-61 所示。按 Enter 键确定操作，效果如图 8-62 所示。

图 8-61

图 8-62

（7）选择"椭圆"工具 ◯ ，按住 Shift 键在适当的位置绘制一个圆形，设置填充颜色为黄色（0、0、100、0），填充图形，设置描边颜色为无，效果如图 8-63 所示。

（8）选择"文字"工具 T ，在适当的位置输入需要的文字。选择"选择"工具 ▶ ，在工具属性栏中选择合适的字体并设置文字大小。设置填充颜色为浅褐色（66、65、61、13），填充文字，效果如图 8-64 所示。

图 8-63

图 8-64

（9）在"字符"面板中将"水平缩放"设置为84%，其他选项的设置如图8-65所示。按Enter键确定操作，效果如图8-66所示。

（10）按Ctrl+O组合键，打开云盘中的"Ch08 > 素材 > 8.1- 制作房地产画册封面 > 02"文件。选择"选择"工具，选择需要的图形，按Ctrl+C组合键复制图形。选择正在编辑的页面，按Ctrl+V组合键将其粘贴到页面中，拖曳复制的图形到适当的位置，效果如图8-67所示。

图 8-65

图 8-66

图 8-67

（11）选择"矩形"工具，在适当的位置绘制一个矩形，设置填充颜色为橄榄棕色（50、50、45、0），填充图形，设置描边颜色为无，效果如图8-68所示。选择"选择"工具，在封面中选择需要的标志图形，如图8-69所示。

图 8-68

图 8-69

（12）按住Alt键向左拖曳标志图形到封底上，复制图形，调整其大小和顺序，效果如图8-70所示。选择"编组选择"工具，选择标志图形，如图8-71所示。

图 8-70

图 8-71

（13）设置图形填充颜色为无，效果如图8-72所示。按Shift+X组合键，互换填色和描边的颜色，效果如图8-73所示。

（14）选择"文字"工具，在适当的位置输入需要的文字。选择"选择"工具，在工具属性栏中选择合适的字体并设置文字大小，填充文字为白色，效果如图8-74所示。

图 8-72　　　　　　　　　　　图 8-73　　　　　　　　　　图 8-74

（15）在"字符"面板中将"设置行距" $\frac{A}{A}$ 设置为 18 pt，其他选项的设置如图 8-75 所示。按 Enter 键确定操作，效果如图 8-76 所示。至此，房地产画册封面制作完成，效果如图 8-77 所示。

图 8-75　　　　　　　　　　　图 8-76　　　　　　　　　　　图 8-77

8.1.5　扩展实践：制作旅游画册封面

使用参考线分割页面；使用"文字"工具 T 、"倾斜"工具 ⌐ 制作标题文字；使用"矩形"工具 □ 和"剪切蒙版"命令为图片添加剪切蒙版效果；使用"文字"工具 T 、"字形"命令、"字符"面板和"段落"面板添加并编辑文字。最终效果参看云盘中的"Ch08 > 效果 > 8.1-制作旅游画册封面"文件，如图 8-78 所示。

微课视频

制作旅游画册
封面

图 8-78

任务 8.2　制作房地产画册内页 1

微课视频　　　　　微课视频

制作房地产画册　制作房地产画册
内页 1-1　　　　内页 1-2

8.2.1　任务引入

本任务要求读者继续为友豪房地产的房地产画册制作内页 1，要求设计风格简洁、现代，能够表现出品牌的特色。

8.2.2　设计理念

内页 1 和画册封面风格一致，色调统一，分成左右两个区域：左边使用灰色背景和楼盘图片，使画面沉稳大气，简单有力地展示了企业的文化；右边使用新颖独特的布局方式展现了企业近况，让用户更直观地了解企业信息。最终效果参看云盘中的"Ch08 > 效果 > 8.2- 制作房地产画册内页 1"文件，如图 8-79 所示。

图 8-79

8.2.3　任务知识：图表与段落

1　图表工具

在 Illustrator CC 2019 中提供了 9 种不同的图表工具，利用这些工具可以创建不同类型的图表。

选择工具箱中的"柱形图"工具，按住鼠标左键不放，将弹出图表工具组，如图 8-80 所示。

图 8-80

2　柱形图

柱形图是较为常用的一种图表类型，它使用一些竖排的、高度可变的矩形柱来表示各种数据，矩形的高度与数据的大小成正比。

选择"柱形图"工具，在页面区域中拖曳鼠标指针绘制出一个矩形区域，在其中可设置图表大小；或在页面上任意位置单击，将弹出"图表"对话框，如图 8-81 所示，在其中可设置图表大小。设置完成后，单击"确定"按钮，将自动在页面区域中创建图表，如图 8-82 所示，同时弹出"图表数据"对话框，如图 8-83 所示。

图 8-81

图 8-82

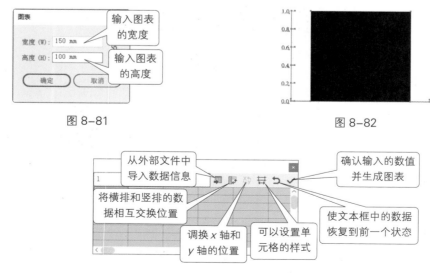

图 8-83

在"图表数据"对话框左上方的文本框中输入各种文本或数值，然后按 Tab 键或 Enter 键确认，文本或数值将会被自动添加到"图表数据"对话框的单元格中。单击可以选择各个单元格，输入要更改的文本或数据值后，按 Enter 键确认。

单击"单元格样式"按钮，将弹出"单元格样式"对话框，如图 8-84 所示。另外，将鼠标指针放置在各单元格相交处时，鼠标指针将会变成两条竖线和双向箭头的形状，这时拖曳鼠标指针可调整数字栏的宽度。

双击"柱形图"工具，将弹出"图表类型"对话框，如图 8-85 所示。柱形图是默认的图表，其他属性也是采用默认设置，单击"确定"按钮。

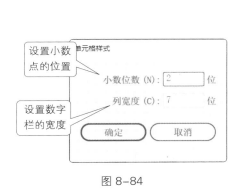

图 8-84

图 8-85

在"图表数据"对话框中的文本表格的第 1 格中单击，删除默认数值 1。按照文本表格的组织方式输入数据。例如，输入数据比较 3 个人 3 科分数情况，如图 8-86 所示。

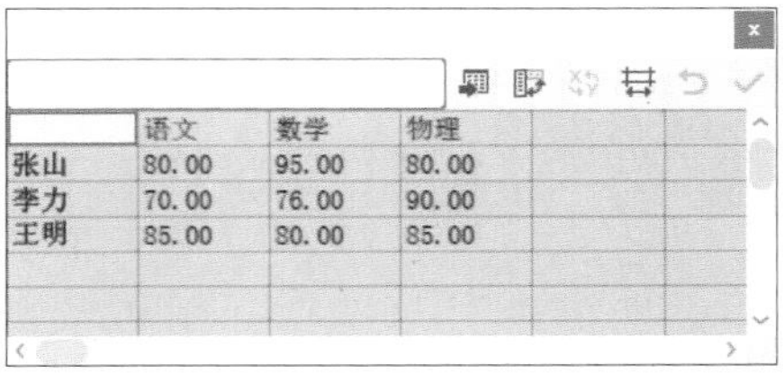

单击"应用"按钮，生成图表，输入的数据被应用到图表上，柱形图效果如图 8-87 所示。从图中可以看到，柱形图是对每一行中的数据进行比较。

	语文	数学	物理	
张山	80.00	95.00	80.00	
李力	70.00	76.00	90.00	
王明	85.00	80.00	85.00	

图 8-86

在"图表数据"对话框中单击"换位行 / 列"按钮，互换行、列数据得到新的柱形图，效果如图 8-88 所示。在"图表数据"对话框中单击"关闭"按钮，将对话框关闭。

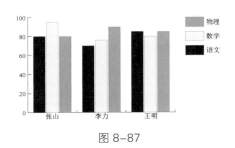

图 8-87

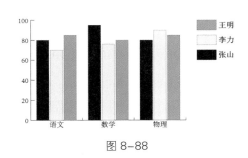

图 8-88

当需要对柱形图中的数据进行修改时，先选择要修改的图表，再选择"对象 > 图表 > 数据"命令，弹出"图表数据"对话框，在对话框中可以修改数据。设置数据后，单击"应用"按钮<input disabled="" type="checkbox">，将修改后的数据应用到选择的图表中。

选择图表，单击鼠标右键，在弹出的快捷菜单中选择"类型"命令，弹出"图表类型"对话框，可以在对话框中选择其他的图表类型。

❸ 设置"图表数据"对话框

选择图表，单击鼠标右键，在弹出的快捷菜单中选择"数据"命令，或直接选择"对象 > 图表 > 数据"命令，弹出"图表数据"对话框，在对话框中可以进行数据的修改。

◎ 编辑一个单元格

选择该单元格，在文本框中输入新的数据，按 Enter 键确认并下移到另一个单元格。

◎ 删除数据

选择数据单元格，删除文本框中的数据，按 Enter 键确认并下移到另一个单元格。

◎ 删除多个数据

选择要删除数据的多个单元格，选择"编辑 > 清除"命令，即可删除多个数据。

❹ 设置"图表类型"对话框

◎ 设置图表选项

选择图表，双击任意图表工具或选择"对象 > 图表 > 类型"命令，弹出"图表类型"对话框，如图 8-89 所示。"数值轴"下拉列表框中包括"位于左侧""位于右侧""位于两侧"3 个选项，分别用来表示图表中坐标轴的位置，可根据需要选择（对饼形图来说此选项不可用）。

图 8-89

"样式"选项组中包括 4 个复选框。勾选"添加投影"复选框，可以为图表添加一种阴影效果；勾选"在顶部添加图例"复选框，可以将图表中的图例说明放到图表的顶部；勾选"第一行在前"复选框，图表中的各个柱形或其他对象将会重叠地覆盖行，并按照从左到右的顺序排列；"第一列在前"，是默认的放置柱形的方式，勾选该复选框将从左到右依次放置柱形。

"选项"选项组中包括两个选项。"列宽""簇宽度"两个选项分别用来控制图表的横栏宽和组宽。横栏宽是指图表中每个柱形条的宽度，组宽是指所有柱形所占据的可用空间。

选择折线图、散点图和雷达图时，"选项"选项组如图 8-90 所示。勾选"标记数据点"复选框，使数据点显示为正方形，否则直线段中间的数据点不显示；勾选"连接数据点"复选框，在每组数据点之间进行连线，否则只显示一个个孤立的点；勾选"线段边到边跨 X 轴"复选框，将线条从图表左边和右边伸出，该复选框对分散图表无作用；勾选"绘制填充线"复选框，将激活其下方的"线宽"选项。

图 8-90

选择饼图时，"选项"选项组如图 8-91 所示。对于饼图，"图例"下拉列表框用于控制图例的显示，其中，"无图例"选项即不要图例，"标准图例"选项将图例放在图表的外围，"楔形图例"选项将图例插入相应的扇形中。"位置"下拉列表框用于控制饼图以及扇形块的摆放位置，其中，"比例"选项将按比例显示各个饼图的大小，"相等"选项使所有饼图的直径相等，"堆积"选项将所有的饼图叠加在一起。"排序"下拉列表框用于控制图表元素的排列顺序，其中，"全部"选项将元素信息由大到小顺时针排列，"第一个"选项将最大值元素信息放在顺时针方向的第一个（其他按输入顺序排列），"无"选项按元素的输入顺序顺时针排列。

◎ 设置数值轴

在"图表类型"对话框左上方的下拉列表中选择"数值轴"选项，切换到相应的对话框，如图 8-92 所示。

图 8-91　　　　　　　　　　　　　　　　　　　图 8-92

· "刻度值"选项组：当勾选"忽略计算出的值"复选框时，下面的 3 个数值框被激活；"最小值"数值框中的数值表示坐标轴的起始值，也就是图表原点的坐标值，它不能大于"最大值"数值框中的数值；"最大值"数值框中的数值表示坐标轴的最大刻度值；"刻度"数值框中的数值决定将坐标轴上下分为多少部分。

· "刻度线"选项组："长度"下拉列表框中包括 3 个选项；选择"无"选项，表示不使用刻度标记；选择"短"选项，表示使用短的刻度标记；选择"全宽"选项，刻度线将贯穿整个图表，效果如图 8-93 所示；"绘制"数值框中的数值表示每一个坐标轴间隔的区分标记。

· "添加标签"选项组：在"前缀"文本框中可以输入数值前加的符号，在"后缀"文本框中可以输入数值后加的符号；在"后缀"文本框中输入"分"后，图表效果如图 8-94 所示。

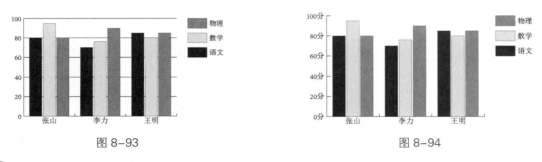

图 8-93　　　　　　　　　　　　　　　　　　图 8-94

⑤　自定义图表图案

在页面区域中绘制图形，效果如图 8-95 所示。选择图形，选择"对象 > 图表 > 设计"命令，弹出"图表设计"对话框。单击"新建设计"按钮，在预览框中将会显示所绘制的图形，对话框中的"删除设计"按钮、"粘贴设计"按钮和"选择未使用的设计"按钮被激活，如图 8-96 所示。

单击"重命名"按钮，弹出"图表设计"对话框，在对话框中输入自定义图案的名称，如图 8-97 所示，单击"确定"按钮，完成命名。

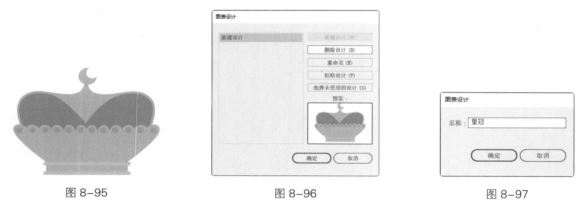

图 8-95　　　　　　　　　　图 8-96　　　　　　　　　　图 8-97

在"图表设计"对话框中单击"粘贴设计"按钮，可以将图案粘贴到页面中，对图案可以重新进行修改和编辑。编辑修改后的图案，还可以再将其重新定义。在对话框中编辑完成后，单击"确定"按钮，完成对一个图表图案的定义。

⑥　应用图表图案

用户可以将自定义的图案应用到图表中。选择要应用图案的图表，选择"对象 > 图表 > 柱形图"命令，弹出"图表列"对话框，如图 8-98 所示。

在"图表列"对话框中，"列类型"下拉列表框包括 4 种缩放图案的选项："垂直缩放"选项表示根据数据的大小，对图表的自定义图案进行垂直方向上的放大与缩小，水平方向上保持不变；"一致缩放"选项表示图表将按照图案的比例并结合图表中数据的大小对图案进行放大和缩小；"重复堆叠"选项表示把图案的一部分拉伸或压缩；"局部缩放"选项的作用与"垂直缩放"选项类似，但可以指定伸展或缩放的位置。"重复堆叠"选项要和"每个设计表示"数值框、"对于分数"下拉列表框结合使用。"每个设计表示"数值框中的数值表示每个图案代表几个单位，如果在数值框中输入50，表示1个图案就代表50个单位。在"对于分数"下拉列表框中，"截断设计"选项表示不足一个图案时由图案的一部分来表示；"缩放设计"选项表示不足一个图案时，通过对最后那个图案成比例地压缩来表示。

设置完成后，单击"确定"按钮，将自定义的图案应用到图表中，效果如图8-99所示。

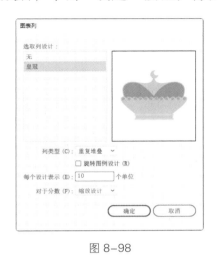

图8-98　　　　　　　　　　　　　　图8-99

❼ "段落"面板

"段落"面板提供了文本对齐、段落缩进及段落间距等设置，可用于处理较长的文本。选择"窗口 > 文字 > 段落"命令（组合键为Alt+Ctrl+T），弹出"段落"面板，如图8-100所示。

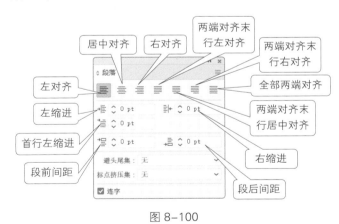

图8-100

8.2.4　任务实施

❶ 制作公司简介

（1）按Ctrl+N组合键，弹出"新建文档"对话框，设置文档的宽度为420 mm，高度为285 mm，取向为横向，出血为3 mm，颜色模式为CMYK，单击"创建"按钮，新建一个文档。

（2）按 Ctrl+R 组合键，显示标尺。选择"选择"工具▶，从左侧标尺上向右拖曳出一条垂直参考线。选择"窗口 > 变换"命令，弹出"变换"面板，将"X"设置为 210 mm，如图 8-101 所示。按 Enter 键确定操作，效果如图 8-102 所示。

图 8-101

图 8-102

（3）选择"文件 > 置入"命令，弹出"置入"对话框，选择云盘中的"Ch08 > 素材 > 8.2- 制作房地产画册内页 1 > 01"文件，单击"置入"按钮，在页面中单击置入图片。单击工具属性栏中的"嵌入"按钮，嵌入图片。选择"选择"工具▶，拖曳图片到适当的位置，并调整其大小，效果如图 8-103 所示。

（4）选择"矩形"工具▢，在适当的位置绘制一个矩形，设置填充颜色为铅灰色（41、38、40、0），填充图形，设置描边颜色为无，效果如图 8-104 所示。

图 8-103

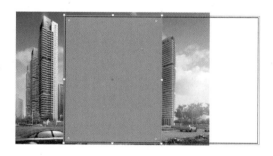

图 8-104

（5）按 Ctrl+C 组合键复制矩形，按 Ctrl+B 组合键将复制的矩形粘贴在后面。选择"选择"工具▶，按住 Shift 键单击下方图片将其同时选择，如图 8-105 所示。按 Ctrl+7 组合键建立剪切蒙版，效果如图 8-106 所示。

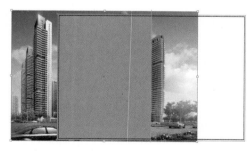

图 8-105

图 8-106

（6）选择"选择"工具▶，选择最上方的铅灰色矩形，如图 8-107 所示。选择"窗口 > 透明度"命令，弹出"透明度"面板，选项设置如图 8-108 所示，效果如图 8-109 所示。

图 8-107　　　　　　　　　　　图 8-108　　　　　　　　　　　图 8-109

（7）选择"文字"工具 T，在页面区域左上角输入需要的文字。选择"选择"工具 ▶，在工具属性栏中选择合适的字体并设置文字大小。设置填充颜色为淡灰色（0、0、0、35），填充文字，效果如图 8-110 所示。

（8）按 Ctrl+T 组合键，弹出"字符"面板，将"设置所选字符的字距调整" Ⅷ 设置为100，其他选项的设置如图 8-111 所示。按 Enter 键确定操作，效果如图 8-112 所示。

图 8-110　　　　　　　　　　　图 8-111　　　　　　　　　　　图 8-112

（9）选择"直线段"工具 ✓，按住 Shift 键在适当的位置绘制一条竖线，设置描边颜色为淡灰色（0、0、0、35），填充描边，效果如图 8-113 所示。在工具属性栏中将描边粗细设置为 2 pt。按 Enter 键确定操作，效果如图 8-114 所示。

图 8-113　　　　　　　　　　　　　图 8-114

（10）选择"矩形"工具 ▭，在适当的位置绘制一个矩形，设置填充颜色为浅褐色（66、65、61、13），填充图形，设置描边颜色为无，效果如图 8-115 所示。

（11）在工具属性栏中将"不透明度"设置为 80%，按 Enter 键确定操作，效果如图 8-116 所示。选择"矩形"工具 ▭，再绘制一个矩形，填充图形为白色，设置描边颜色为无，效果如图 8-117 所示。

图 8-115　　　　　　　　　　　图 8-116　　　　　　　　　　　图 8-117

（12）选择"文字"工具 T，在矩形上输入需要的文字，选择"选择"工具 ，在工具属性栏中选择合适的字体并设置文字大小。设置填充颜色为橄榄棕色（50、50、45、0），填充文字，效果如图8-118所示。在"字符"面板中，将"设置所选字符的字距调整" 设置为540，其他选项的设置如图8-119所示。按Enter键确定操作，效果如图8-120所示。

图8-118　　　　　　　　　　　　图8-119　　　　　　　　　　　　图8-120

（13）选择"矩形"工具 ，在适当的位置绘制一个矩形，填充描边为白色，效果如图8-121所示。按Ctrl+C组合键复制矩形，按Ctrl+F组合键将复制的矩形粘贴在前面。选择"选择"工具 ，向左拖曳矩形右边中间的控制点到适当的位置，调整其大小，效果如图8-122所示。

图8-121　　　　　　　　　　　　　　　　　图8-122

（14）按Shift+X组合键，互换填色和描边的颜色，效果如图8-123所示。按Ctrl+C组合键复制矩形，按Ctrl+B组合键将复制的矩形粘贴在后面。选择"选择"工具 ，向右拖曳矩形右边中间的控制点到适当的位置，调整其大小，效果如图8-124所示。

图8-123　　　　　　　　　　　　　　　　图8-124

（15）保持图形的选择状态，设置填充颜色为黄色（0、0、100、0），填充图形，效果如图8-125所示。

（16）选择"文字"工具 T，在适当的位置输入需要的文字。选择"选择"工具 ，在工具属性栏中选择合适的字体并设置文字大小，填充文字为白色，效果如图8-126所示。

图8-125　　　　　　　　　　　　　　　　图8-126

（17）在"字符"面板中，将"设置所选字符的字距调整" 设置为838，其他选项的设置如图8-127所示。按Enter键确定操作，效果如图8-128所示。

图 8-127

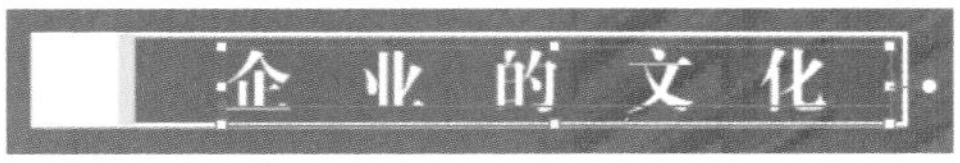

企 业 的 文 化

图 8-128

（18）选择"文字"工具 T，在适当的位置按住鼠标左键不放，拖曳出一个带有选中文字的文本框，如图 8-129 所示，重新输入需要的文字。选择"选择"工具 ▶，在工具属性栏中选择合适的字体并设置文字大小，填充文字为白色，效果如图 8-130 所示。

（19）在"字符"面板中，将"设置所选字符的字距调整" ⅤA 设置为 75，其他选项的设置如图 8-131 所示。按 Enter 键确定操作，效果如图 8-132 所示。

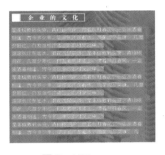

图 8-129

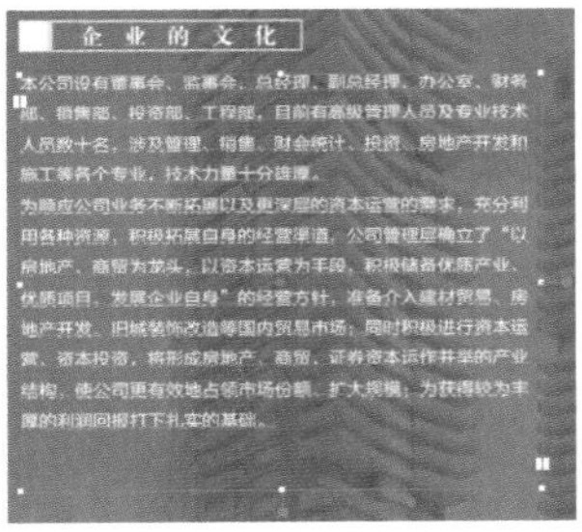

图 8-130

图 8-131

图 8-132

（20）按 Alt+Ctrl+T 组合键，弹出"段落"面板，将"首行左缩进" 设置为 20 pt，其他选项的设置如图 8-133 所示。按 Enter 键确定操作，效果如图 8-134 所示。用相同的方法制作"我们的目标""我们的承诺"，效果如图 8-135 所示。

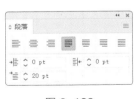

图 8-133

图 8-134

图 8-135

2　制作年增长图表

（1）选择"矩形"工具 □，在适当的位置绘制一个矩形，设置填充颜色为橄榄棕色（50、50、45、0），填充图形，设置描边颜色为无，效果如图 8-136 所示。

（2）选择"文件 > 置入"命令，弹出"置入"对话框，选择云盘中的"Ch08 > 素材 >

8.2-制作房地产画册内页 1 > 02"文件，单击"置入"按钮，在页面区域中单击置入图片。单击工具属性栏中的"嵌入"按钮，嵌入图片。选择"选择"工具▶，拖曳图片到适当的位置，调整其大小，效果如图 8-137 所示。

图 8-136

图 8-137

（3）选择"矩形"工具▢，在适当的位置绘制一个矩形，如图 8-138 所示。选择"选择"工具▶，按住 Shift 键单击下方图片将其同时选择，如图 8-139 所示。按 Ctrl+7 组合键建立剪切蒙版，效果如图 8-140 所示。

图 8-138

图 8-139

图 8-140

（4）选择"文字"工具T，在适当的位置分别输入需要的文字。选择"选择"工具▶，在工具属性栏中分别选择合适的字体并设置文字大小，填充文字为白色，效果如图8-141所示。

（5）选择"文字"工具T，在适当的位置按住鼠标左键，拖曳出一个带有选中文字的文本框，如图 8-142 所示，重新输入需要的文字。选择"选择"工具▶，在工具属性栏中选择合适的字体并设置文字大小，填充文字为白色，效果如图 8-143 所示。

图 8-141

图 8-142

图 8-143

（6）在"字符"面板中，将"设置所选字符的字距调整"VA设置为40，其他选项的设置如图 8-144 所示。按 Enter 键确定操作，效果如图 8-145 所示。

图 8-144

图 8-145

（7）在"段落"面板中，将"首行左缩进" ≡ 设置为 20 pt，其他选项的设置如图 8-146 所示。按 Enter 键确定操作，效果如图 8-147 所示。

（8）选择"直线段"工具 ∕，按住 Shift 键在适当的位置绘制一条竖线，填充描边为白色，效果如图 8-148 所示。

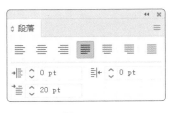

图 8-146

图 8-147

图 8-148

（9）选择"雷达图"工具 ⊛，在页面区域中单击，弹出"图表"对话框，设置如图 8-149 所示。单击"确定"按钮，弹出"图表数据"对话框，输入需要的数据，如图 8-150 所示。输入完成后，单击"应用"按钮 ✓，关闭"图表数据"对话框，建立雷达图，将其拖曳到页面中适当的位置，效果如图 8-151 所示。

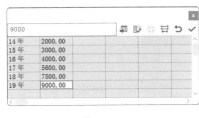

图 8-149

图 8-150

图 8-151

（10）选择"编组选择"工具 ▷⁺，按住 Shift 键依次单击需要的线条和刻度线，如图 8-152 所示。填充描边为白色，效果如图 8-153 所示。用相同的方法分别设置其他图形的填充颜色和描边颜色，效果如图 8-154 所示。

（11）选择"窗口 > 符号库 > 箭头"命令，弹出"箭头"面板，选择需要的箭头，如图 8-155 所示。选择"选择"工具 ▶，拖曳符号到适当的位置，调整其大小，效果如图 8-156 所示。在符号上单击鼠标右键，在弹出的快捷菜单中选择"断开符号链接"命令，断开符号链接，效果如图 8-157 所示。

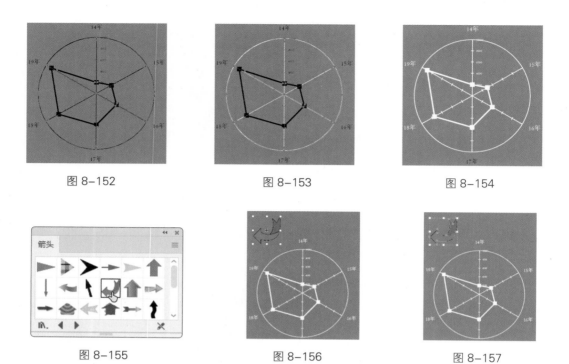

图 8-152　　　　　　　　　　图 8-153　　　　　　　　　　图 8-154

图 8-155　　　　　　　　　　图 8-156　　　　　　　　　　图 8-157

（12）填充符号为白色，效果如图 8-158 所示。设置描边为铅灰色（40、40、34、0），填充符号描边，效果如图 8-159 所示。

（13）在"变换"面板中将"旋转"设置为180°，如图 8-160 所示。按 Enter 键确定操作，效果如图 8-161 所示。

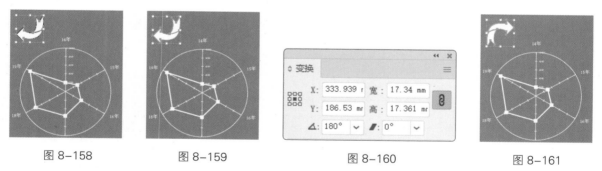

图 8-158　　　　　图 8-159　　　　　　　图 8-160　　　　　　　图 8-161

（14）选择"文字"工具 T，在符号右侧输入需要的文字。选择"选择"工具 ▶，在工具属性栏中选择合适的字体并设置文字大小，填充文字为白色，效果如图 8-162 所示。至此，房地产画册内页 1 制作完成，效果如图 8-163 所示。

图 8-162

图 8-163

8.2.5　扩展实践：制作旅游画册内页

使用"矩形"工具▢、"剪切蒙版"命令为图片添加剪切蒙版效果；使用"文字"工具T、"字符"面板和"段落"面板制作内页标题和内容文字。最终效果参看云盘中的"Ch08 > 效果 > 8.2- 制作旅游画册内页"文件，如图 8-164 所示。

图 8-164

微课视频

制作旅游画册内页

任务 8.3　项目演练——制作房地产画册内页 2

8.3.1　任务引入

本任务要求读者继续为友豪房地产的房地产画册制作内页 2，要求内容丰富，信息全面。

微课视频

制作房地产画册内页 2-1

微课视频

制作房地产画册内页 2-2

8.3.2　设计理念

内页 2 与画册封面、内页 1 风格一致，背景使用白色，既体现了简洁大气的设计风格，又将视线焦点引向主体；对体现建筑优势的部分进行放大特写并给予文字叙述说明，加强了房屋宣传，向用户传递了企业用心服务的理念。最终效果参看云盘中的"Ch08 > 效果 > 8.3- 制作房地产画册内页 2"文件，如图 8-165 所示。

图 8-165

项目9

制作商品包装
——包装设计

09

包装代表了一个商品的品牌形象，好的包装可以让商品在同类产品中脱颖而出，吸引消费者的注意力并引发其购买行为，好的包装还可以极大地提高商品的价值。通过本项目的学习，读者可以掌握包装的设计方法和制作技巧。

学习引导

知识目标
- 了解包装的概念
- 掌握包装的分类和设计原则

能力目标
- 熟悉包装的设计思路和过程
- 掌握包装的制作方法和技巧

素养目标
- 培养对包装的设计创意能力
- 培养对包装的审美与鉴赏能力

实训项目
- 制作柠檬汁包装
- 制作巧克力豆包装

相关知识：包装设计基础

1 包装的概念

包装最主要的功能是保护商品，其次是美化商品和传递信息。要想将包装设计好，除了需要遵循设计的基本原则外，还要着重研究消费者的心理，这样包装设计才能在同类商品中脱颖而出，如图9-1所示。

图9-1

2 包装的分类

按商品种类分类，包装包括建材商品包装、农牧水产品商品包装、食品和饮料商品包装、轻工日用品商品包装、纺织品和服装商品包装、医药商品包装、电子商品包装等，如图9-2所示。

图9-2

3 包装的设计原则

包装设计应遵循一定的设计原则，包括实用经济的原则、商品信息精准传达的原则、人性化便利的原则、表现文化和艺术性的原则、绿色环保的原则，如图9-3所示。

图9-3

任务 9.1　制作柠檬汁包装

9.1.1　任务引入

本任务要求读者为一款柠檬汁制作包装，要求设计风格自然、清新，使人产生愉悦感。

9.1.2　设计理念

包装整体使用绿色，在包装的正面添加柠檬横截面的图案，清新且富有创意；简单大方的图形提升了视觉舒适感；文字的排列整齐，使包装看起来更加简洁、干净。最终效果参看云盘中的"Ch09 > 效果 > 9.1- 制作柠檬汁包装"文件，如图9-4所示。

图 9-4

9.1.3　任务知识："剪切蒙版"命令和"变形"效果组

❶ 制作剪切蒙版

将一个对象制作为蒙版后，对象的内部变得完全透明，这样就可以显示下面的被蒙版对象，同时也可以遮挡住不需要显示或打印的部分。

◎ 使用"建立"命令制作蒙版

选择"文件 > 置入"命令，在弹出的"置入"对话框中选择图像文件，单击"置入"按钮，图像出现在页面区域中，效果如图9-5所示。选择"椭圆"工具 ◯，在图像上绘制一个椭圆形作为蒙版，如图9-6所示。

图 9-5　　　　　　　　　　　　　　　图 9-6

选择"选择"工具 ▶，同时选择图像和椭圆形，如图9-7所示（作为蒙版的图形必须在图像的上面）。选择"对象 > 剪切蒙版 > 建立"命令（组合键为 Ctrl+7），制作出蒙版效果，如图9-8所示。图像在椭圆形蒙版外面的部分被隐藏，取消选择状态，蒙版效果如图9-9所示。

图9-7

图9-8

图9-9

◎ 使用鼠标右键快捷菜单制作蒙版

选择"选择"工具 ▶，选择图像和椭圆形，在选择的对象上单击鼠标右键，在弹出的快捷菜单中选择"建立剪切蒙版"命令，制作出蒙版效果。

◎ 用"图层"面板中的选项制作蒙版

选择"选择"工具 ▶，选择图像和椭圆形，单击"图层"面板右上方的 ≡ 按钮，在弹出的菜单中选择"建立剪切蒙版"命令，制作出蒙版效果。

2 编辑剪切蒙版

制作蒙版后，还可以对蒙版进行编辑，如查看蒙版、锁定蒙版、添加对象到蒙版和删除被蒙版的对象等操作。

◎ 查看蒙版

选择"选择"工具 ▶，选择蒙版图像，如图9-10所示。单击"图层"面板右上方的 ≡ 按钮，在弹出的菜单中选择"定位对象"命令，"图层"面板如图9-11所示，可以在"图层"面板中查看蒙版状态，也可以编辑蒙版。

◎ 锁定蒙版

选择"选择"工具 ▶，选择需要锁定的蒙版图像，如图9-12所示。选择"对象 > 锁定 > 所选对象"命令，可以锁定蒙版图像，效果如图9-13所示。

图9-10

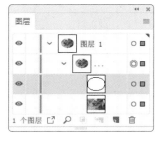

图9-11

图9-12

图9-13

◎ 添加对象到蒙版

选择要添加的对象，如图9-14所示。选择"编辑 > 剪切"命令，剪切该对象。选择"直接选择"工具 ▷，选择被蒙版图形中的对象，如图9-15所示。选择"编辑 > 贴在前面或贴在后面"命令，就可以将要添加的对象粘贴到相应的蒙版图形的前面或后面，并成为图形的一部分，贴在前面的效果如图9-16所示。

图 9-14

图 9-15

图 9-16

◎ 删除被蒙版的对象

选择被蒙版的对象，选择"编辑 > 清除"命令或按 Delete 键，即可删除被蒙版的对象。

在"图层"面板中选择被蒙版对象所在图层，单击"图层"面板下方的"删除所选图层"按钮 🗑，也可删除被蒙版的对象。

图 9-17

③ "变形"效果组

使用"变形"效果组可使对象扭曲或变形，如图 9-17 所示，该效果可作用的对象有路径、文本、网格、混合和栅格图像。

使用"变形"效果组中的效果后，对象效果如图 9-18 所示。

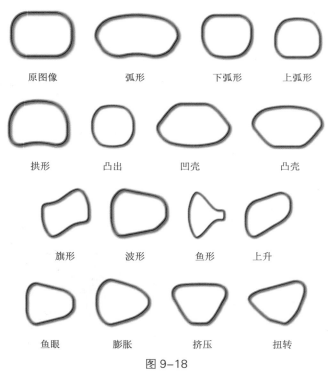
图 9-18

④ "外观"面板

在 Illustrator CC 2019 的"外观"面板中可以查看当前对象或图层的外观属性，其中包括应用到对象上的效果、描边颜色、描边粗细、填色、不透明度等。

选择"窗口 > 外观"命令，弹出"外观"面板。选择一个对象，如图 9-19 所示，在"外观"面板中将显示该对象的各项外观属性，如图 9-20 所示。

"外观"面板可分为两个部分。

第 1 部分为显示当前选择，可以显示当前路径或图层的缩略图。

第 2 部分为当前路径或图层的全部外观属性列表，包括应用到当前路径上的效果、描边颜色、描边粗细、填色和不透明度等。如果同时选择的多个对象具有不同的外观属性，如图 9-21 所示，"外观"面板将无法一一显示，只能提示当前选择为混合外观，如图 9-22 所示。

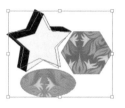

图 9-19　　　　　　　　图 9-20　　　　　　　　图 9-21　　　　　　　　图 9-22

在"外观"面板中，各项外观属性是有层叠顺序的。在列举所选对象的效果属性时，后应用的效果位于先应用的效果之上。拖曳代表各项外观属性的列表项，可以重新排列外观属性的堆叠顺序，从而影响对象的外观。例如，当对象的描边属性在填色属性之上时，对象效果如图 9-23 所示。在"外观"面板中将描边属性拖曳到填色属性的下方，如图 9-24 所示，改变堆叠顺序后的对象效果如图 9-25 所示。

图 9-23　　　　　　　　图 9-24　　　　　　　　图 9-25

在创建新对象时，Illustrator CC 2019 将把当前设置的外观属性自动添加到新对象上。

9.1.4 任务实施

① 添加包装名称

（1）按 Ctrl+N 组合键，弹出"新建文档"对话框，设置文档的宽度为 297mm，高度为 210mm，取向为横向，出血为 3mm，颜色模式为 CMYK，单击"创建"按钮，新建一个文档。

（2）选择"矩形"工具 ，绘制一个与页面大小相等的矩形。双击"渐变"工具 ，弹出"渐变"面板，单击"径向渐变"按钮 ，在色谱条上设置两个渐变滑块。分别将渐变滑块的位置设置为 0、100，并设置 C、M、Y、K 的值分别为 0（2、0、20、0）、100（7、2、51、0），其他选项的设置如图 9-26 所示。图形被填充为渐变色，设置描边颜色为无，效果如图 9-27 所示。按 Ctrl+2 组合键，锁定所选对象。

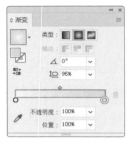

图 9-26　　　　　　　　　　　　　　　　图 9-27

（3）按 Ctrl+O 组合键，打开云盘中的"Ch09 > 素材 > 9.1- 制作柠檬汁包装 > 01"文件，选择"选择"工具 ▶，选择需要的图形，按 Ctrl+C 组合键复制图形。选择正在编辑的页面，按 Ctrl+V 组合键将其粘贴到页面中，拖曳复制的图形到适当的位置，效果如图 9-28 所示。

（4）选择"矩形"工具 ▣，在页面区域中单击，弹出"矩形"对话框，选项设置如图 9-29 所示，单击"确定"按钮，出现一个矩形。选择"选择"工具 ▶，拖曳矩形到适当的位置，效果如图 9-30 所示。

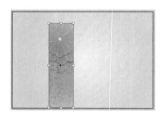

图 9-28　　　　　　　　　　图 9-29　　　　　　　　　　图 9-30

（5）按住 Shift 键单击下方图形将其同时选择，如图 9-31 所示，按 Ctrl+7 组合键建立剪切蒙版，效果如图 9-32 所示。

图 9-31　　　　　　　　　　　图 9-32

（6）选择"文字"工具 Ｔ，输入需要的文字。选择"选择"工具 ▶，在工具属性栏中选择合适的字体并设置文字大小。设置填充颜色为黄色（8、4、64、0），填充文字，效果如图 9-33 所示。

（7）保持文字的选择状态。设置描边颜色为深绿色（67、23、94、0），填充描边，效果如图 9-34 所示。在工具属性栏中将描边粗细设置为 5 pt，按 Enter 键确定操作，效果如图 9-35 所示。

（8）选择"文字"工具 Ｔ，在适当的位置输入需要的文字。选择"选择"工具 ▶，在工具属性栏中选择合适的字体并设置文字大小，填充文字为白色，效果如图 9-36 所示。

图 9-33

图 9-34

图 9-35

（9）按 Ctrl+T 组合键，弹出"字符"面板，将"水平缩放"设置为 58%，其他选项的设置如图 9-37 所示。按 Enter 键确定操作，效果如图 9-38 所示。

图 9-36

图 9-37

图 9-38

（10）按 Ctrl+C 组合键复制文字，按 Ctrl+B 组合键将复制的文字粘贴在后面。按→键，微调复制的文字到适当的位置，效果如图 9-39 所示。设置填充颜色为草绿色（51、0、87、0），填充文字，效果如图 9-40 所示。

图 9-39

图 9-40

❷ 添加包装信息

（1）选择"圆角矩形"工具▢，在页面区域中单击，弹出"圆角矩形"对话框，选项设置如图 9-41 所示，单击"确定"按钮，出现一个圆角矩形。选择"选择"工具▶，拖曳圆角矩形到适当的位置，效果如图 9-42 所示。设置填充颜色为深绿色（67、23、94、0），填充图形，设置描边颜色为无，效果如图 9-43 所示。

图 9-41

图 9-42

图 9-43

（2）选择"文字"工具 T ，在适当的位置分别输入需要的文字。选择"选择"工具 ▶ ，在工具属性栏中分别选择合适的字体并设置文字大小，填充文字为白色，效果如图 9-44 所示。

（3）选择文字"高营养"，设置描边颜色为浅黄色（9、29、86、0），填充描边，在工具属性栏中将描边粗细设置为 0.5 pt。按 Enter 键确定操作，效果如图 9-45 所示。

（4）选择"文字"工具 T ，在适当的位置输入需要的文字。选择"选择"工具 ▶ ，在工具属性栏中选择合适的字体并设置文字大小，效果如图 9-46 所示。设置填充颜色为黄色（8、4、64、0），填充文字，效果如图 9-47 所示。

图 9-44

图 9-45

图 9-46

图 9-47

（5）保持文字的选择状态。设置描边颜色为草绿色（51、0、87、0），填充描边，效果如图 9-48 所示。选择"窗口 > 描边"命令，弹出"描边"面板，单击"边角"选项组中的"圆角连接"按钮 ⌐ ，其他选项的设置如图 9-49 所示。按 Enter 键确定操作，如图 9-50 所示。

图 9-48

图 9-49

图 9-50

（6）选择"窗口 > 外观"命令，弹出"外观"面板，选择"描边"选项，如图 9-51 所示，单击"复制所选项目"按钮 ▣ ，复制"描边"选项，如图 9-52 所示。

（7）保持文字的选择状态。设置描边颜色为深绿色（67、23、94、0），填充描边。在工具属性栏中将描边粗细设置为 4 pt。按 Enter 键确定操作，效果如图 9-53 所示。

图 9-51

图 9-52

图 9-53

（8）选择"效果 > 变形 > 凸出"命令，在弹出的对话框中进行设置，如图 9-54 所示，单击"确定"按钮，效果如图 9-55 所示。

（9）选择"直线段"工具 ／ ，按住 Shift 键在适当的位置绘制一条直线，如图 9-56 所示。在"描边"面板中单击"端点"选项组中的"圆头端点"按钮 ⌐ ，其他选项的设置如图 9-57 所示。按 Enter 键确认操作，效果如图 9-58 所示。

图 9-54

图 9-55

图 9-56

图 9-57

图 9-58

（10）选择"整形"工具，将鼠标指针放置在线段中间位置，单击并向下拖曳鼠标指针到适当的位置，如图 9-59 所示。释放鼠标左键，调整线段弧度，效果如图 9-60 所示。

图 9-59

图 9-60

（11）选择"选择"工具，选择曲线，双击"镜像"工具，弹出"镜像"对话框，选项设置如图 9-61 所示。单击"复制"按钮，镜像并复制图形，效果如图 9-62 所示。选择"选择"工具，按住 Shift 键垂直向下拖曳复制的图形到适当的位置，效果如图 9-63 所示。

图 9-61

图 9-62

图 9-63

（12）选择"文字"工具，在适当的位置输入需要的文字。选择"选择"工具，在工具属性栏中选择合适的字体并设置文字大小，填充文字为白色，效果如图 9-64 所示。

（13）选择"矩形"工具，在适当的位置绘制一个矩形，如图 9-65 所示。选择"添加锚点"工具，在矩形右边中间位置单击，添加一个锚点，如图 9-66 所示。

图 9-64

图 9-65

图 9-66

（14）选择"直接选择"工具，选择添加的锚点，并向左拖曳锚点到适当的位置，效果如图 9-67 所示。选择"选择"工具，选择图形，设置填充颜色为深绿色（67、23、94、0），填充图形，设置描边颜色为无，效果如图 9-68 所示。

（15）按 Ctrl+O 组合键，打开云盘中的"Ch09 > 素材 > 9.1- 制作柠檬汁包装 > 02"文件。选择"选择"工具，选择需要的图形，按 Ctrl+C 组合键复制图形。选择正在编辑的文件，按 Ctrl+V 组合键将其粘贴到页面区域中，拖曳复制的图形到适当的位置，效果如图 9-69 所示。

图 9-67

图 9-68

图 9-69

3 制作包装立体展示图

（1）按 Ctrl+O 组合键，打开云盘中的"Ch09 > 素材 > 9.1- 制作柠檬汁包装 > 03"文件。选择"选择"工具，选择需要的图形，按 Ctrl+C 组合键复制图形。选择正在编辑的文件，按 Ctrl+V 组合键将其粘贴到页面区域中，拖曳复制的图形到适当的位置，效果如图 9-70 所示。用框选的方法将图形和文字同时选择，按 Ctrl+G 组合键将其编组，效果如图 9-71 所示。

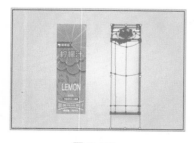

图 9-70

图 9-71

（2）选择"选择"工具，按住 Alt+Shift 组合键水平向右拖曳编组图形到适当的位置，复制编组图形，效果如图 9-72 所示。选择"钢笔"工具，在适当的位置绘制一个不规则图形，效果如图 9-73 所示。

（3）选择"选择"工具，按住 Shift 键单击下方编组图形将其同时选择，效果如图 9-74 所示，按 Ctrl+7 组合键建立剪切蒙版，效果如图 9-75 所示。

图 9-72

图 9-73

图 9-74

图 9-75

（4）选择"窗口 > 透明度"命令，弹出"透明度"面板，将混合模式设置为"正片叠底"，其他选项的设置如图 9-76 所示；按 Enter 键确定操作，效果如图 9-77 所示。按 Ctrl+ [组合键，将图形后移一层，效果如图 9-78 所示。至此，柠檬汁包装制作完成。

图 9-76

图 9-77

图 9-78

9.1.5 扩展实践：制作咖啡包装

使用"星形"工具 ☆、"圆角"命令和"钢笔"工具 ✐ 制作咖啡标志；使用"文字"工具 T 添加标志文字；使用"矩形"工具 □、"倾斜"工具 ✑ 制作咖啡包装。最终效果参看云盘中的"Ch09 > 效果 > 9.1- 制作咖啡包装"文件，如图 9-79 所示。

图 9-79

微课视频

制作咖啡包装

任务 9.2　制作巧克力豆包装

9.2.1　任务引入

本任务要求读者为一款巧克力豆制作包装，要求设计画面丰富，能够快速地吸引消费者的注意。

9.2.2　设计理念

包装正面的卡通小熊形象生动可爱，提升了消费者好感；将小熊肚子的部位设置为透明样式，既能让消费者直观地看到巧克力豆，又增添了画面的趣味性。最终效果参看云盘中的"Ch09 > 效果 > 9.2- 制作巧克力豆包装"文件，如图 9-80 所示。

图 9-80

9.2.3　任务知识：对象的排列、锁定和隐藏

① 对象的排列

对象之间存在着堆叠的关系，后绘制的对象一般显示在先绘制的对象之上。在实际操作中，可以根据需要改变对象之间的堆叠顺序。

选择"对象 > 排列"命令，其子菜单中包括 5 个命令："置于顶层""前移一层""后移一层""置于底层""发送至当前图层"。使用这些命令可以改变对象的堆叠顺序，对象间堆叠的效果如图 9-81 所示。

选择要排序的对象，单击鼠标右键，在弹出的快捷菜单中也可选择"排列"命令，还可以应用组合键来对对象进行排序。

图 9-81

◎ 置于顶层

要将选择的对象移到所有对象的顶层，可以选择要移动的对象，如图 9-82 所示，单击鼠标右键，弹出快捷菜单，选择"排列 > 置于顶层"命令，对象将被排列到顶层，效果如图 9-83 所示。

◎ 前移一层

要将选择的对象向前移动一层，可以选择要移动的对象，如图 9-84 所示，单击鼠标右键，弹出快捷菜单，选择"排列 > 前移一层"命令，对象将前移一层，效果如图 9-85 所示。

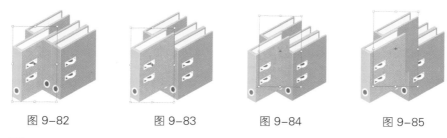

图 9-82　　　　　图 9-83　　　　　图 9-84　　　　　图 9-85

◎ 后移一层

要将选择的对象向后移动一层，可以选择要移动的对象，如图 9-86 所示，单击鼠标右键，弹出快捷菜单，选择"排列 > 后移一层"命令，对象将后移一层，效果如图 9-87 所示。

◎ 置于底层

要将选择的对象移到所有对象的底层，可以选择要移动的对象，如图 9-88 所示，单击鼠标右键，弹出快捷菜单，选择"排列 > 置于底层"命令，对象将排到最后面，效果如图 9-89 所示。

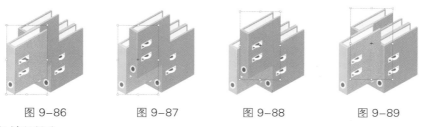

图 9-86　　　　　图 9-87　　　　　图 9-88　　　　　图 9-89

◎ 发送至当前图层

打开"图层"面板，在"图层 1"上新建"图层 2"，如图 9-90 所示。选择要发送到当前图层的对象，如图 9-91 所示，这时"图层 1"变为当前图层，如图 9-92 所示。

图 9-90　　　　　　　图 9-91　　　　　　　图 9-92

单击"图层 2"，使"图层 2"成为当前图层，如图 9-93 所示。单击鼠标右键，弹出快捷菜单，选择"排列 > 发送至当前图层"命令。绿色双层文件夹对象就被发送到当前图层（即"图层 2"）中，页面效果如图 9-94 所示，"图层"面板效果如图 9-95 所示。

图 9-93　　　　　　　图 9-94　　　　　　　图 9-95

2 对象的编组

使用"编组"命令，可以将多个对象组合在一起，使其成为一个对象。选择"选择"工具，选择要编组的图像，编组之后，单击任何一个对象，其他对象都会被一起选择。

◎ 创建组合

选择要编组的对象，选择"对象 > 编组"命令（组合键为 Ctrl+G），将选择的对象组合。组合后，选择其中的任何一个对象，其他的对象也会同时被选择，效果如图 9-96 所示。

将多个对象组合后，其外观并没有变化，但当对其中任何一个对象进行编辑时，其他对象也将随之产生相应的变化。如果需要单独编辑组合中的个别对象，而不改变其他对象的状态，可以应用"编组选择"工具进行选择。选择"编组选择"工具，单击要移动的对象并按住鼠标左键不放，拖曳对象到合适的位置，效果如图 9-97 所示，其他的对象并没有变化。

> **提示**　使用"编组"命令还可以将几个不同的组合进行进一步组合，或在组合与对象之间进行进一步组合。在几个组之间进行组合时，原来的组合并没有消失，它与新得到的组合是嵌套关系。组合不同图层上的对象，组合后所有的对象将自动移动到最上边对象的图层中，并形成新的组合。

◎ 取消组合

选择要取消组合的对象，如图 9-98 所示。选择"对象 > 取消编组"命令（组合键为 Shift+Ctrl+G），取消组合的对象。取消组合后的对象，可以通过单击选择任意一个对象，效果如图 9-99 所示。

图 9-96　　　　图 9-97　　　　图 9-98　　　　图 9-99

使用"取消编组"命令只能取消一层组合。例如，两个组合使用"编组"命令得到一个新的组合，使用"取消编组"命令取消这个新组合后，可得到两个原始的组合。

3 锁定对象

锁定对象可以防止操作时误选对象，也可以防止当多个对象重叠在一起而只选择一个对象时，其他对象被连带选择。锁定对象包括 3 个部分：所选对象、上方所有图稿、其他图层。

◎ 锁定所选对象

选择要锁定的对象，如图 9-100 所示，选择"对象 > 锁定 > 所选对象"命令（组合键为 Ctrl+2），将所选对象锁定。锁定后，当其他对象移动时，锁定对象不会随之移动，效果如图 9-101 所示。

◎ 锁定上方所有图稿

选择蓝色对象，如图9-102所示，选择"对象 > 锁定 > 上方所有图稿"命令，蓝色对象之上的绿色对象和紫色对象被锁定。当移动蓝色对象时，绿色对象和紫色对象不会随之移动，效果如图9-103所示。

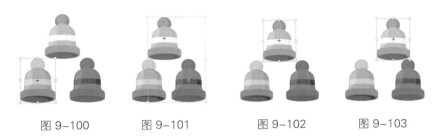

图9-100　　　　图9-101　　　　图9-102　　　　图9-103

◎ 锁定其他图层

蓝色对象、绿色对象、紫色对象分别在不同的图层上，如图9-104所示。选择紫色对象，如图9-105所示，选择"对象 > 锁定 > 其他图层"命令，在"图层"面板中，除了紫色对象所在的图层外，其他图层都被锁定了。被锁定图层的左边将会出现一个🔒图标，如图9-106所示。锁定图层中的对象在页面区域中也都被锁定了。

图9-104　　　　　　图9-105　　　　　　图9-106

◎ 解除锁定

选择"对象 > 全部解锁"命令（组合键为Alt+Ctrl+2），被锁定的对象就会被取消锁定。

④ 隐藏对象

可以将当前不重要或已经做好的对象隐藏起来，避免妨碍其他对象的编辑。

隐藏对象包括3个部分：所选对象、上方所有图稿、其他图层。

◎ 隐藏所选对象

选择要隐藏的对象，如图9-107所示。选择"对象 > 隐藏 > 所选对象"命令（组合键为Ctrl+3），所选对象被隐藏起来，效果如图9-108所示。

◎ 隐藏上方所有图稿

选择蓝色对象，如图9-109所示，选择"对象 > 隐藏 > 上方所有图稿"命令，蓝色对象之上的所有对象都被隐藏，效果如图9-110所示。

图 9-107　　　　　　图 9-108　　　　　　图 9-109　　　　　　图 9-110

◎ 隐藏其他图层

选择紫色对象，如图 9-111 所示，选择"对象 > 隐藏 > 其他图层"命令，在"图层"面板中，除了紫色对象所在的图层外，其他图层都被隐藏了，图层左边的 ◉ 图标消失了，如图 9-112 所示。其他图层中的对象在页面区域中都被隐藏了，效果如图 9-113 所示。

图 9-111　　　　　　　　图 9-112　　　　　　　　图 9-113

◎ 显示所有对象

当对象被隐藏后，选择"对象 > 显示全部"命令（组合键为 Alt+Ctrl+3），所有对象都将被显示出来。

9.2.4　任务实施

1　绘制包装底图

（1）按 Ctrl+N 组合键，弹出"新建文档"对话框，设置文档的宽度为 297mm，高度为 210mm，取向为横向，出血为 3mm，颜色模式为 CMYK，单击"创建"按钮，新建一个文档。

（2）选择"钢笔"工具 ✐，在适当的位置绘制图形。双击"渐变"工具 ▣，弹出"渐变"面板，单击"线性渐变"按钮 ▣，在色谱条上设置 4 个渐变滑块。分别将渐变滑块的位置设置为 0、12、94、100，并设置 C、M、Y、K 的值分别为 0（26、23、30、0）、12（0、7、15、0）、94（0、7、15、0）、100（9、12、20、0），其他选项的设置如图 9-114 所示。图形被填充为渐变色，设置描边颜色为无，效果如图 9-115 所示。

图 9-114　　　　　　　　　　　　　　图 9-115

（3）选择"钢笔"工具 ，在适当的位置绘制图形，设置填充颜色为深灰色（55、54、56、1），填充图形，设置描边颜色为无，效果如图9-116所示。选择"窗口＞透明度"命令，在弹出的面板中进行设置，如图9-117所示。按Enter键确认操作，效果如图9-118所示。

图 9-116　　　　　　　图 9-117　　　　　　　图 9-118

（4）保持图形的选择状态，选择"效果＞模糊＞高斯模糊"命令，在弹出的对话框中进行设置，如图9-119所示，单击"确定"按钮，效果如图9-120所示。用相同的方法制作其他图形，效果如图9-121所示。选择"钢笔"工具 ，在适当的位置绘制白色高光图形，效果如图9-122所示。

图 9-119　　　　　　图 9-120　　　　图 9-121　　　　图 9-122

（5）选择"直线段"工具 ，按住Shift键在适当的位置绘制一条直线，设置描边颜色为深灰色（22、24、30、0），填充描边，效果如图9-123所示。

（6）选择"选择"工具 ，按住Alt+Shift组合键垂直向下拖曳直线到适当的位置，复制直线，效果如图9-124所示。连续按Ctrl+D组合键，复制出多条直线，效果如图9-125所示。

图 9-123　　　　　　　　图 9-124　　　　　　　　图 9-125

2　绘制小熊头部及五官

（1）按Ctrl+O组合键，打开云盘中的"Ch09＞素材＞9.2-制作巧克力豆包装＞01"文件。选择"选择"工具 ，选择需要的图形，按Ctrl+C组合键复制图形。选择正在编辑的文件，按Ctrl+V组合键将其粘贴到页面中，拖曳复制的图形到适当的位置，效果如图9-126所示。

（2）选择"椭圆"工具 ，按住Shift键在页面区域外绘制一个圆形。设置填充颜色为棕色（21、45、56、0），填充图形，设置描边颜色为无，效果如图9-127所示。

（3）按Ctrl+C组合键复制圆形，连续按两次Ctrl+F组合键，将复制的图形粘贴在前面。微调复制的圆形到适当的位置，效果如图9-128所示。选择"选择"工具 ，按住Shift

键单击原图形将其同时选择，如图 9-129 所示。

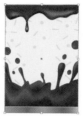

图 9-126

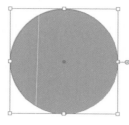
图 9-127

图 9-128

图 9-129

（4）选择"窗口 > 路径查找器"命令，弹出"路径查找器"面板，单击"减去顶层"按钮 ⬚，如图 9-130 所示，生成新的对象，效果如图 9-131 所示。设置填充颜色为深棕色（36、53、62、0），填充图形，效果如图 9-132 所示。用相同的方法绘制其他图形，效果如图 9-133 所示。

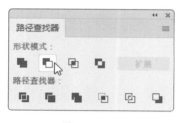
图 9-130

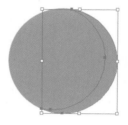
图 9-131

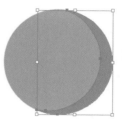
图 9-132

图 9-133

（5）选择"椭圆"工具 ⬭，按住 Shift 键在适当的位置绘制一个圆形。双击"渐变"工具 ▣，弹出"渐变"面板，单击"径向渐变"按钮 ▣，在色谱条上设置两个渐变滑块。分别将渐变滑块的位置设置为 0、100，并设置 C、M、Y、K 的值分别为 0（52、74、78、17）、100（61、81、91、48），其他选项的设置如图 9-134 所示，图形被填充为渐变色，设置描边颜色为无，效果如图 9-135 所示。连续按 Ctrl+ [组合键，将圆形向后移至适当的位置，效果如图 9-136 所示。

图 9-134

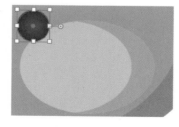
图 9-135

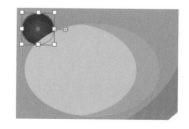
图 9-136

（6）选择"选择"工具 ▶，按住 Alt+Shift 组合键水平向右拖曳圆形到适当的位置，复制圆形，效果如图 9-137 所示。用相同的方法再绘制一个椭圆形，填充相同的渐变色，效果如图 9-138 所示。

（7）选择"直线段"工具 ╱，按住 Shift 键在适当的位置绘制一条竖线，在工具属性栏中将描边粗细设置为 2.5 pt，按 Enter 键确定操作，效果如图 9-139 所示。设置描边颜色为暗棕色（59、79、88、41），填充描边，效果如图 9-140 所示。

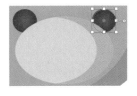
图 9-137

图 9-138

图 9-139

图 9-140

（8）选择"直线段"工具 ，按住 Shift 键在适当的位置绘制一条直线，设置描边颜色为暗棕色（59、79、88、41），填充描边，效果如图 9-141 所示。

（9）选择"窗口 > 描边"命令，弹出"描边"面板，单击"端点"选项组中的"圆头端点"按钮 ，其他选项的设置如图 9-142 所示，效果如图 9-143 所示。

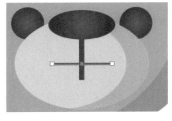

图 9-141

图 9-142

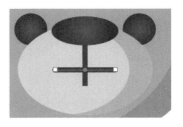
图 9-143

（10）选择"整形"工具 ，将鼠标指针放置在线段中间位置，如图 9-144 所示，单击并向下拖曳鼠标指针到适当的位置，如图 9-145 所示。释放鼠标左键，调整线段弧度，效果如图 9-146 所示。

图 9-144

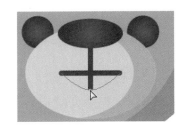
图 9-145

图 9-146

（11）选择"椭圆"工具 ，按住 Shift 键在适当的位置绘制一个圆形，如图 9-147 所示。选择"吸管"工具 ，将鼠标指针放置在下方圆形上，如图 9-148 所示，单击吸取颜色，效果如图 9-149 所示。

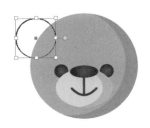
图 9-147

图 9-148

图 9-149

（12）选择"对象 > 变换 > 缩放"命令，在弹出的"比例缩放"对话框中进行设置，如图 9-150 所示。单击"复制"按钮，缩小并复制圆形，效果如图 9-151 所示。设置填充颜色为褐色（31、59、71、0），填充图形，效果如图 9-152 所示。

（13）选择"选择"工具▶，按住 Shift 键单击原图形将其同时选择，如图 9-153 所示。按 Shift+Ctrl+ [组合键，将复制的图形置于最底层，效果如图 9-154 所示。按住 Alt+Shift 组合键水平向右拖曳图形到适当的位置，复制图形，效果如图 9-155 所示。

图 9-150

图 9-151　　　　　图 9-152　　　　　图 9-153　　　　　图 9-154　　　　　图 9-155

（14）用相同的方法制作小熊身体部分，效果如图 9-156 所示。选择"选择"工具▶，用框选的方法将所绘制的图形全部选择，按 Ctrl+G 组合键将其编组，效果如图 9-157 所示。

图 9-156　　　　　　　　图 9-157

❸ 添加产品名称和投影

（1）拖曳编组图形到适当的位置，效果如图 9-158 所示。选择"文字"工具Ｔ，在适当的位置输入需要的文字，选择"选择"工具▶，在工具属性栏中选择合适的字体并设置文字大小，效果如图 9-159 所示。按 Alt+ → 组合键，调整文字间距，效果如图 9-160 所示。

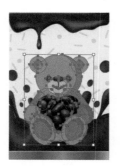　　　　　　　　

图 9-158　　　　　　图 9-159　　　　　　图 9-160

（2）设置文字填充颜色为咖啡色（58、77、86、36），填充文字，效果如图 9-161 所示。选择"文字 > 创建轮廓"命令，将文字转换为轮廓路径，效果如图 9-162 所示。

图 9-161

图 9-162

（3）选择"窗口 > 外观"命令，弹出"外观"面板，单击"添加新描边"按钮 ▫，生成新的"描边"选项，如图 9-163 所示。设置描边颜色为棕色（21、45、56、0），填充描边，将描边粗细设置为 8 pt，如图 9-164 所示。按 Enter 键确定操作，效果如图 9-165 所示。

图 9-163

图 9-164

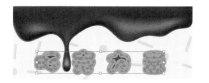

图 9-165

（4）在"外观"面板中，单击"添加新描边"按钮 ▫，生成新的"描边"选项。设置描边颜色为白色，填充描边，将描边粗细设置为 4 pt，如图 9-166 所示。按 Enter 键确定操作，效果如图 9-167 所示。

图 9-166

图 9-167

（5）在"外观"面板中，选择"填色"选项，如图 9-168 所示，单击并向上拖曳该选项至最顶层，如图 9-169 所示。释放鼠标左键后，如图 9-170 所示，文字效果如图 9-171 所示。

图 9-168

图 9-169

图 9-170

（6）选择"文字"工具 T，在适当的位置输入需要的文字。选择"选择"工具 ▶，在工具属性栏中选择合适的字体并设置文字大小，填充文字为白色，效果如图 9-172 所示。

（7）选择"选择"工具▶，用框选的方法将图形和文字同时选择，按 Ctrl+G 组合键编组图形，并将其拖曳至适当的位置。按 Shift+Ctrl+ [组合键将编组图形置于底层，效果如图 9-173 所示。

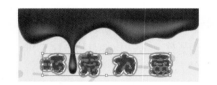
图 9-171

图 9-172

图 9-173

（8）选择上方的渐变图形，按 Ctrl+C 组合键复制图形，按 Shift+Ctrl+V 组合键就地粘贴图形，如图 9-174 所示。按住 Shift 键单击下方编组图形将其同时选择，如图 9-175 所示，按 Ctrl+7 组合键建立剪切蒙版，效果如图 9-176 所示。

（9）选择"椭圆"工具◯，在包装底部绘制一个椭圆形，填充图形为黑色，设置描边颜色为无。在工具属性栏中将"不透明度"设置为 70%，按 Enter 键确定操作，效果如图 9-177 所示。

图 9-174

图 9-175

图 9-176

图 9-177

（10）选择"效果 > 模糊 > 高斯模糊"命令，在弹出的对话框中进行设置，如图 9-178 所示，单击"确定"按钮，效果如图 9-179 所示。按 Shift+Ctrl+ [组合键将编组图形置于最底层，效果如图 9-180 所示。至此，巧克力豆包装制作完成。

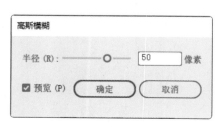
图 9-178

图 9-179

图 9-180

9.2.5 扩展实践：制作香皂包装

使用"矩形"工具⬜、"直接选择"工具▷和"投影"命令制作包装盒；使用"钢笔"工具✐、"文字"工具T和"字符"面板制作标题文字；使用"置入"命令置入素材文件。最终效果参看云盘中的"Ch09 > 效果 > 9.2-制作香皂包装"文件，如图9-181所示。

图9-181

微课视频

制作香皂包装

任务9.3 项目演练——制作坚果食品包装

微课视频

制作坚果食品
包装

9.3.1 任务引入

松鼠果果股份有限公司是一家以糕点、干果、饮品、膨化零食等产品的生产及销售为主的食品公司。本任务要求读者为其新推出的坚果食品制作包装，要求设计传达出坚果健康美味的特点，画面丰富，能够快速地吸引消费者的注意。

9.3.2 设计理念

包装颜色的运用对比强烈，让人眼前一亮；卡通松鼠图案较好地贴合了品牌名称，令人印象深刻；图形与文字的处理体现出食品特色；整体设计简单大方、清爽明快，能令人产生购买欲望。最终效果参看云盘中的"Ch09 > 效果 > 9.3-制作坚果食品包装"文件，如图9-182所示。

图9-182

项目10

掌握商业应用
——综合设计实训

10

本项目的综合设计实训案例是根据真实情境编排的，旨在训练学生利用所学知识完成商业设计项目。通过本项目的学习，读者可以牢固掌握Illustrator的强大功能和使用技巧，并应用好所学技能，制作出专业的商业设计作品。

学习引导

知识目标

- 掌握 Illustrator 的使用方法
- 了解 Illustrator 的常用设计领域

能力目标

- 掌握 Illustrator 在不同设计领域的设计思路
- 掌握 Illustrator 在不同设计领域的制作方法和技巧

素养目标

- 培养对商业案例的设计创意能力
- 培养对商业案例的审美与鉴赏能力

实训项目

- 制作金融理财 App 的 Banner
- 制作装饰家居电商网站产品详情页
- 制作美食宣传单
- 制作菜谱书籍封面
- 制作苏打饼干包装

任务 10.1 Banner 设计——制作金融理财 App 的 Banner

微课视频

制作金融理财
App 的 Banner

10.1.1 任务引入

本任务要求读者制作一款金融理财 App 的 Banner，要求设计风格简洁，主题鲜明。

10.1.2 设计理念

Banner 的背景为红色渐变，给人温暖的感觉；以金币元素作为点缀，符合行业性质；采用黄金比例分割的左右构图表现和谐美感；整体设计简洁、契合主题。最终效果参看云盘中的"Ch10 > 效果 > 10.1- 制作金融理财 App 的 Banner"文件，如图 10-1 所示。

图 10-1

10.1.3 任务实施

（1）按 Ctrl+N 组合键，弹出"新建文档"对话框，设置文档的宽度为 750 px，高度为 360 px，取向为横向，颜色模式为 RGB，单击"创建"按钮，新建一个文档。

（2）选择"矩形"工具 □，绘制一个与页面大小相等的矩形，为其填充相应的渐变色，效果如图 10-2 所示。打开素材文件，将其粘贴到页面区域中，效果如图 10-3 所示。

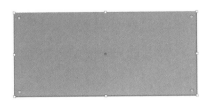

图 10-2

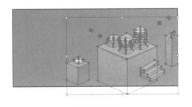

图 10-3

（3）使用"钢笔"工具 ✐，绘制卡通人物头部和身体部分，为其填充相应的颜色，效果如图 10-4 所示。使用"椭圆"工具 ○ 和"路径查找器"面板制作金币图形，为其填充相应的颜色，效果如图 10-5 所示。

（4）选择"选择"工具 ▶，用框选的方法将所绘制的

图 10-4

图 10-5

图形全部选择，按 Ctrl+G 组合键将其编组，拖曳编组图形到适当的位置，调整其大小，效果如图 10-6 所示。

（5）选择"文字"工具 T，在适当的位置分别输入需要的文字。选择"选择"工具 ▶，在工具属性栏中分别选择合适的字体并设置文字大小，填充文字为白色，效果如图 10-7 所示。至此，金融理财 App 的 Banner 制作完成。

图 10-6　　　　　　　　　　图 10-7

任务 10.2　电商设计——制作装饰家居电商网站产品详情页

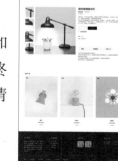

10.2.1　任务引入

本任务要求读者制作装饰家居电商网站产品详情页，要求设计风格简约，产品信息清晰。

10.2.2　设计理念

页面背景为纯色，表现产品简洁、时尚的风格；主色调选择浅蓝色和黑色，体现高端和大气；页面整体文图搭配，构图和谐，具有美感。最终效果参看云盘中的"Ch10 > 效果 > 10.2- 制作装饰家居电商网站产品详情页"文件，如图 10-8 所示。

图 10-8

10.2.3　任务实施

（1）按 Ctrl+N 组合键，弹出"新建文档"对话框，设置文档的宽度为 1920 px，高度为 3155 px，取向为竖向，颜色模式为 RGB，单击"创建"按钮，新建一个文档。

（2）按 Ctrl+R 组合键，显示标尺。选择"选择"工具 ▶，在页面区域中分别拖曳出一条水平参考线和一条垂直参考线，在"变换"面板中，设置"X"和"Y"的数值，效果如图 10-9 所示。置入素材图片并调整其位置和大小，效果如图 10-10 所示。

图 10-9

图 10-10

（3）选择"文字"工具 T ，在适当的位置分别输入需要的文字。选择"选择"工具 ▶ ，在工具属性栏中分别选择合适的字体并设置文字大小，填充相应的颜色，效果如图 10-11 所示。

图 10-11

（4）置入素材图片并调整其位置和大小，选择"矩形"工具 □ ，制作图片剪切蒙版，效果如图 10-12 所示。选择"文字"工具 T 和"矩形"工具 □ ，制作 Banner 区域，效果如图 10-13 所示。

图 10-12

图 10-13

（5）用相同的方法制作内容区域和页脚区域，效果如图 10-14 所示。至此，装饰家居电商网站产品详情页制作完成，效果如图 10-15 所示。

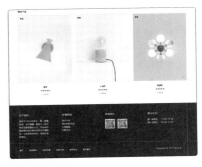

图 10-14

图 10-15

任务 10.3　宣传单设计——制作美食宣传单

微课视频　微课视频

制作美食宣传单1　制作美食宣传单2

10.3.1 任务引入

本任务要求读者制作一张美食宣传单，要求设计内容丰富，突出优惠活动。

10.3.2 设计理念

宣传单主色调选择绿色和橙黄色，体现健康和营养；底纹采用与蔬菜相关的线性纹理，突出主题；标题在画面中占据重要位置，能够快速吸引顾客；在宣传单的背面详细标注了食物的品种及价格，信息清晰，易于阅读。最终效果参看云盘中的"Ch10 > 效果 > 10.3-制作美食宣传单"文件，如图 10-16 所示。

图 10-16

10.3.3 任务实施

（1）按 Ctrl+N 组合键，弹出"新建文档"对话框，设置文档的宽度为 143mm，高度为 220mm，取向为竖向，画板为 2，颜色模式为 CMYK，单击"创建"按钮，新建一个文档。

（2）选择"矩形"工具，绘制一个与页面大小相等的矩形，为其填充相应的颜色，效果如图 10-17 所示。打开素材文件，将其粘贴到页面区域中，调整其不透明度，效果如图 10-18 所示。置入素材图片并调整其位置和大小，使用"椭圆"工具制作图片剪切蒙版，效果如图 10-19 所示。

图 10-17　　　　　　　图 10-18　　　　　　　图 10-19

（3）选择"文字"工具 T、"混合"工具 和"渐变"工具 ，制作立体文字效果，如图10-20所示。选择"文字"工具 T，在适当的位置分别输入需要的文字。选择"选择"工具 ，在工具属性栏中分别选择合适的字体并设置适当的文字大小，为其填充相应的颜色，效果如图10-21所示。

（4）置入素材图片并调整其位置和大小，选择"圆角矩形"工具 ，制作图片剪切蒙版，效果如图10-22所示。

图10-20　　　　　　　　　　图10-21　　　　　　　　　　图10-22

（5）选择"圆角矩形"工具 ，在适当的位置绘制一个圆角矩形，效果如图10-23所示。选择"文字"工具 T，在适当的位置分别输入需要的文字。选择"选择"工具 ，在工具属性栏中分别选择合适的字体并设置适当的文字大小，为其填充相应的颜色，效果如图10-24所示。至此，美食宣传单制作完成。

图10-23　　　　　　　　　　　　　图10-24

任务 10.4　书籍设计——制作菜谱图书封面

10.4.1　任务引入

本任务要求读者为一本菜谱图书制作封面，要求设计突出菜品的丰富和美味。

微课视频
制作菜谱图书封面1

微课视频
制作菜谱图书封面2

微课视频
制作菜谱图书封面3

10.4.2　设计理念

封面选择菜品图片为主元素，烘托了主题；画面整体采用稳定、均衡的对角线构图，设计感强；底纹的图案和颜色也都契合主题，令人印象深刻。最终效果参看云盘中的"Ch10 > 效果 > 10.4- 制作菜谱书籍封面"文件，如图 10-25 所示。

图 10-25

10.4.3　任务实施

（1）按 Ctrl+N 组合键，弹出"新建文档"对话框，设置文档的宽度为 315mm，高度为 230mm，取向为横向，颜色模式为 CMYK，单击"创建"按钮，新建一个文档。

（2）按 Ctrl+R 组合键，显示标尺。选择"选择"工具▶，在页面区域中拖曳出一条垂直参考线，在"变换"面板中设置"X"的数值。选择"矩形"工具▣，在页面区域中分别绘制矩形，为其填充相应的颜色，效果如图 10-26 所示。

（3）打开素材文件，并将其粘贴到当前文件中，选择"窗口 > 透明度"命令，调整图形不透明度，效果如图 10-27 所示。

（4）置入素材图片并调整其位置和大小，选择"矩形"工具▣，制作图片剪切蒙版，效果如图 10-28 所示。选择"文字"工具 T，在适当的位置分别输入需要的文字。选择"选择"工具▶，在工具属性栏中分别选择合适的字体并设置适当的文字大小，填充文字为白色，效果如图 10-29 所示。

图 10-26　　　　　　图 10-27　　　　　　图 10-28　　　　　　图 10-29

（5）选择"钢笔"工具 ✐ 和"路径文字"工具 ✎，在封面中制作路径文字，效果如图 10-30 所示。选择"星形"工具 ☆、"椭圆"工具 ⬭ 和"混合"工具 ✎，制作菜品标签，效果如图 10-31 所示。

图 10-30　　　　　　　　　　　　　图 10-31

（6）置入素材图片并调整其位置和大小，选择"文字"工具 T，添加封底文字，效果如图 10-32 所示。选择"选择"工具 ▶，分别选择封底中需要的图形，按住 Alt 键向右拖曳图形到书脊上适当的位置，复制图形，调整其大小。选择"直排文字"工具 IT，添加书脊文字，效果如图 10-33 所示。至此，菜谱书籍封面制作完成。

图 10-32　　　　　　　　　　　　　图 10-33

10.5.1 任务引入

本任务要求读者为一款苏打饼干制作包装，要求设计围绕饼干实物图片展开，文字突出饼干的新口味。

10.5.2 设计理念

包装以小麦和饼干图片作为主要元素，强调产品的营养、美味；主色调选择金黄色、橙色和红色，营造温暖的感觉；左右结构的构图和谐，具有美感。最终效果参看云盘中的"Ch10 > 效果 > 10.5- 制作苏打饼干包装"文件，如图 10-34 所示。

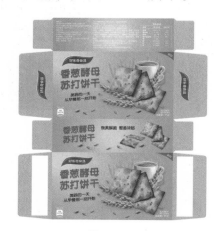

图 10-34

10.5.3 任务实施

（1）按 Ctrl+N 组合键，弹出"新建文档"对话框，设置文档的宽度为 234 mm，高度为 268 mm，取向为竖向，颜色模式为 CMYK，单击"创建"按钮，新建一个文档。

（2）按 Ctrl+R 组合键，显示标尺。选择"选择"工具▶，在页面区域中分别拖曳出一条水平参考线和一条垂直参考线，在"变换"面板中，设置"X"和"Y"的数值，效果如图 10-35 所示。

（3）选择"矩形"工具▢、"直接选择"工具▷、"镜像"工具◪和"渐变"工具◨，制作包装平面展开图，效果如图 10-36 所示。

图 10-35

图 10-36

（4）置入素材图片并调整其位置和大小，效果如图 10-37 所示。选择"文字"工具 T 和"倾斜"工具 ，制作包装正面，效果如图 10-38 所示。选择"矩形"工具 、"椭圆"工具 和"路径查找器"面板，制作能量标签，效果如图 10-39 所示。

图 10-37

图 10-38

图 10-39

（5）打开素材文件，并将其粘贴到当前文件中，效果如图 10-40 所示。使用相同的方法制作包装顶面和底面，效果如图 10-41 所示。至此，苏打饼干包装制作完成。

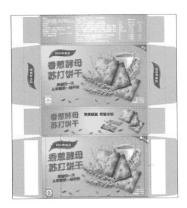

图 10-40

图 10-41

扩展知识扫码阅读

设计基础知识

1. 认识基本形体

3. 平面构成

5. 点、线、面三大要素

7. 色彩

9. 版式设计

2. 透视原理

4. 形式美法则

6. 基本形与骨骼

8. 图形创意方法

设计应用知识

1. 图标设计

图标的概念　图标的设计流程　图标的设计原则

图标的设计规范　图标的风格类型

2. App 界面设计

App 的概念　App 设计的流程　App 设计的原则

iOS 系统设计规范　Android 设计规范　App 常用界面类型

3. 招贴广告设计

4. 电商网店设计

Photoshop 在电商中的应用　淘宝店铺各模块图片尺寸及具体要求　网店首页各元素的设计　商品详情页面各元素设计

5. 书籍设计

6. 包装设计

7. 网页设计